建筑设备
控制原理图解

亚太建设科技信息研究院有限公司　组织编写

中国建设科技出版社
北京

图书在版编目（CIP）数据

建筑设备控制原理图解/亚太建设科技信息研究院有限公司组织编写 . --北京：中国建设科技出版社，2025.6. -- ISBN 978-7-5160-4276-2

Ⅰ. TU8-64

中国国家版本馆 CIP 数据核字第 2024DF7465 号

建筑设备控制原理图解
JIANZHU SHEBEI KONGZHI YUANLI TUJIE

出版发行：	中国建设科技出版社
地　　址：	北京市西城区白纸坊东街 2 号院 6 号楼
邮　　编：	100054
经　　销：	全国各地新华书店
印　　刷：	北京雁林吉兆印刷有限公司
开　　本：	710mm×1000mm　1/16
印　　张：	7.75
字　　数：	100 千字
版　　次：	2025 年 6 月第 1 版
印　　次：	2025 年 6 月第 1 次
定　　价：	45.00 元

本社网址：www.jskjcbs.com，微信公众号：zgjskjcbs
请选用正版图书，采购、销售盗版图书属违法行为
版权专有，盗版必究。本社法律顾问：北京天驰君泰律师事务所，张杰律师
举报信箱：zhangjie@tiantailaw.com　　举报电话：(010) 63567684
本书如有印装质量问题，由我社事业发展中心负责调换，联系电话：(010) 63567692

本书编委会

主　编：
孙明显　云深工程顾问（上海）有限公司

副主编：
李　华　澳希工程顾问（上海）有限公司
刘云祥　联美地产集团
胡竹萍　亚太建设科技信息研究院有限公司

参　编：
张廷宇　万科（上海）实业发展有限公司
蔡高强　金地商置集团有限公司
张　伟　北京志诚宏业智能控制技术有限公司
杨　莉　华龙国际核电技术有限公司系统与布置所
王纲柱　上海金地威新实业有限公司
江迎春　三菱重工空调系统（上海）有限公司
王　玮　上海远景科创智能科技有限公司
张　静　亚太建设科技信息研究院有限公司

前　言

随着民用建筑行业的持续发展与智能建筑概念的广泛普及，建筑设备自动化控制的需求正以前所未有的速度增长。在这一背景下，节能与能源计量的重要性日益凸显，成为现代建筑设计不可或缺的一环。然而，由于行业内部传统技术分工的细化，机电设备的控制与管理面临着前所未有的挑战。

具体而言，暖通、给排水、强电等各专业领域各自为政，电梯、泛光照明等专项设备及特殊系统亦分散于不同技术体系之中。这种细致的分工虽然有助于各领域技术的深化发展，同时也导致了交界领域的模糊与重叠，给机电设备的统一控制带来了诸多不便。为了打破这一技术瓶颈，我们组织了一支跨专业的团队，汇集了来自多个单位与领域专家的智慧，共同编写了本书。

本书旨在全面系统地介绍建筑设备监控系统的设计与实施原理，涵盖了水、暖、电等各专业的设备控制知识，并对灯光、电梯、可再生能源利用等独立成套系统进行了深入探讨。通过图文并茂的方式，力求使复杂的技术原理变得直观易懂，为工程设计与实际采购应用提供有力支持。

值得一提的是，本书特别注重各专业之间的分工协作界面介绍，通过清晰的图表与详细的文字说明，展现不同专业领域之间的协同工作流程。这不仅有助于消除技术领域的灰色地带，更为工程实践中的沟通与协调提供了便捷途径。

此外，本书还对民用建筑中的商业、写字楼等类型建筑所涉及的机电设备进行了系统整理，形成了一套相对完整的建筑设备自动控制原理图文资料。为便于工程设计人员参考，以图形为主，辅以必要的文字说明，并提供了各专业分工协作的界面划分表，以期为读者提供更为全面、实用的参考信息。

笔者在编写过程中力求严谨、准确，但由于经验与水平的限制，书中难免存在疏漏与不足之处。在此，诚挚地邀请机电专业的同行们对本书进行批评指正，您的宝贵意见将是我们不断完善与进步的动力源泉。我们坚信，通过持续的努力与探索，可以为建筑设备监控技术的发展贡献更多智慧与力量。

编者

2025 年 1 月

目 录

第1章 绪论 ········· 1
  1.1 建筑机电设备自控系统控制形式 ········· 1
  1.2 常规民用建筑的机电设备自控及注意要点 ········· 3
  1.3 本书的特色 ········· 9

第2章 建筑设备监控系统设计说明 ········· 14
  2.1 系统概述 ········· 14
  2.2 系统功能 ········· 14
  2.3 设计依据 ········· 15
  2.4 系统设计说明 ········· 16
  2.5 各专业间的配合 ········· 17
  2.6 注意事项 ········· 18

第3章 楼宇控制与机电各专业界面划分 ········· 21

第4章 电气专业设备及成套系统BA控制原理 ········· 33
  4.1 室外景观照明/泛光照明/智能照明监控原理 ········· 33
  4.2 电能管理系统监控原理 ········· 36
  4.3 公共区域照明监控原理 ········· 36
  4.4 柴油发电机组监控原理 ········· 39
  4.5 光伏发电监控原理 ········· 41
  4.6 UPS主机及蓄电池监控原理 ········· 42

4.7 电梯及自动扶梯监控原理 ………………………………… 43

第5章 给排水专业设备及成套系统 BA 控制原理 ……………… 45
5.1 给水泵监控原理 …………………………………………… 46
5.2 变频水泵监控原理 ………………………………………… 46
5.3 生活水箱监控原理 ………………………………………… 47
5.4 减压阀监控原理 …………………………………………… 49
5.5 集水井监控原理 …………………………………………… 49
5.6 隔油池监控原理 …………………………………………… 51
5.7 雨水、中水监控原理 ……………………………………… 52
5.8 太阳能监控原理 …………………………………………… 53

第6章 暖通专业设备及成套系统 BA 控制原理 ………………… 55
6.1 BAS 原理图图例 …………………………………………… 57
6.2 送排风系统监控原理 ……………………………………… 58
6.3 车库排风系统监控原理 …………………………………… 59
6.4 变电所排风系统监控原理 ………………………………… 60
6.5 高压微雾加湿系统监控原理 ……………………………… 62
6.6 游泳池除湿热泵系统监控原理 …………………………… 63
6.7 诱导风机监控原理 ………………………………………… 64
6.8 多用户排油烟监控原理 …………………………………… 65
6.9 新风转轮热回收空调系统监控原理 ……………………… 66
6.10 空调箱监控原理（一）…………………………………… 69
6.11 空调箱监控原理（二）…………………………………… 72
6.12 新风机组监控原理（一）………………………………… 75
6.13 新风机组监控原理（二）………………………………… 78
6.14 变风量（VAV）系统定静压法监控原理 ………………… 81
6.15 变风量（VAV）系统变定静压法监控原理 ……………… 82

6.16 变风量（VAV）系统变静压法监控原理 ………………… 83
6.17 变风量（VAV）系统总风量法监控原理 ………………… 84
6.18 风机动力型变风量末端（FPB）监控原理 ……………… 85
6.19 单风道变风量末端（VAV Box）监控原理 ……………… 86
6.20 公共区域风机盘管监控原理（一）……………………… 88
6.21 公共区域风机盘管监控原理（二）……………………… 90
6.22 换热机房监控原理 ……………………………………… 91
6.23 一级泵定流量、冬季冷却塔供冷制冷系统监控原理 …… 93
6.24 一级泵变流量、冬季冷却塔供冷制冷系统监控原理 …… 95
6.25 二级泵变流量、冬季冷却塔供冷制冷系统监控原理 …… 98
6.26 内融冰盘管式冰蓄冷主机上游串联系统监控原理 …… 101
6.27 锅炉系统监控原理 ……………………………………… 104
6.28 空气源热泵系统监控原理 ……………………………… 106
6.29 空调热水水-水换热机组监控原理 ……………………… 109

参考文献 ……………………………………………………… 111

后记 …………………………………………………………… 112

第1章 绪　　论

1.1 建筑机电设备自控系统控制形式

1.1.1 就地控制型

就地控制是在具备独立处理与控制功能的就地装置上实现的一种控制策略，主要分为就地手动控制和就地自动控制两种类型。

（1）就地手动控制

通过操作就地装置上的开关或按钮，以人工方式直接控制设备的启停。

（2）就地自动控制

借助就地装置的控制器，依据预设的程序自动执行设备的启停控制。这些程序被编程并固化在控制器中，实现了控制的自动化。

例如，办公区的风机盘管通常配备本地温控面板，该面板支持手动和自动控制功能，能够调节风机和水阀的启停以及风速挡位。温控面板经历了从纯机械式按键（就地手动控制）到液晶按键，再到液晶触控（就地自动控制）的演变。如今，它已不仅仅是简单的液晶手动控制按钮，而是具备了多种情景模式控制功能。在控制方式上，也实现了从简单的机械式手动操作（设定后风速不变，缺乏节能和智慧性）向具有多种情境模式控制（具备微处理单元，可根据现场温度实现自动控制）的转变。

建筑机电设备自控系统，除了上述介绍的风机盘管控制以外，较为常见的还包括给（排）水泵，通常就地设有一套自动控制装置，通过设置液位传感器监测水箱、集水井的水位，并将监测信号上传给控制装置，自动联动水泵的启动和关闭，实现就地自动控制；同时通过二次回路的设置，在水泵控制箱上设置启停按钮，实现就地手动控制。

1.1.2 远程控制型

远程控制是在就地控制的基础上，通过在机电末端设备设置传感器和二次回路接触端子，并通过联网方式连接到楼宇自控系统，实现远程监测和控制。

目前，楼宇自控系统采用集散式控制系统（DCS），其本质是集中管理、分散控制。通过在设备附近设置带有微处理芯片的控制器，并将这些控制器以一定的网络结构形式连接起来，形成控制网络。楼宇自控系统的控制单元主要包括可编程逻辑控制器（PLC）和直接数字控制器（DDC）。PLC专为工业环境设计，已广泛应用于工业自动化领域，包括部分冷热源机房群控系统等。而DDC则是根据楼宇自控特点从PLC发展而来，但缺少PLC的灵活性和应对复杂电磁干扰环境的能力。

楼宇自控系统常用的通信协议包括局部操作网络协议（LonWorks）、楼宇自控网络协议（BACnet）和传输控制协议/互联网络协议（TCP/IP）等。其中，LonWorks和BACnet是楼宇自控系统中最常用的通信协议。LonWorks技术网络能够轻松实现不同系统和产品之间的对等通信，简化了系统设计，提高了系统可靠性。而BACnet作为一种标准开放式的数据通信协议，使得不同厂家的楼宇设备能够实现互操作，为用户提供了更大的选择空间，并为系统升级和维护提供了更多的灵活性。TCP/IP协议则使各种楼宇控制器能够直接接入局域网中，直接监控设备，简化了系统架构，提高了灵活性和拓展性。基于以上优势，TCP/IP协议已成为楼宇自动控制系统协议的发展方向。

楼宇自控系统通过联网方式将末端传感器、现场控制器DDC、网络控制器等设备构成一整套网络。目前主流楼宇自控厂家系统组网方式主要为三层网络架构，包括管理层、控制层和现场层。随着网络化控制器的普及，系统逐渐向二层网络架构演变。在一个项目中，也可能存在二层与三层网络架构共存的现象。管理层通过以太网形式组网，利用网络交换机组成内部局域网。控制层及现场层则主要采用总线架构组网，采用常用的BACnet、LonWorks协议进行数据传输。

1.1.3 混合控制型

融合本地操作与远程管理，既满足本地直接控制的需求，又能够通过管理软件或集中控制器对机电设备进行远程控制。

以风机盘管为例，就地＋远程控制可通过两种方式实现：联网型温控面板集中控制和非联网型温控面板＋楼宇设备自控（BA）集中控制。

（1）联网型温控面板集中控制

相对于非联网型温控面板，联网型温控面板增加了联网通信端口，通过联网线缆连接形成系统。该方式可以通过本地面板和后台软件实现集中监视和控制功能，适用于对温度舒适度要求较高的区域。通过内置或外置温度传感器实时调节风机盘管的风速，以控制在设定的范围内。

（2）非联网型温控面板＋BA集中控制

该方式结合非联网型温控面板和BA系统对风机盘管进行控制。非联网型温控面板控制较为简单，而BA系统则采用最经济的方式对风机盘管的电气回路进行启停控制和运行状态监视。这种控制方式主要适用于前期规划时业主经济预算有限，但又需要实现本地控制和远程集中管理的需求。

1.2 常规民用建筑的机电设备自控及注意要点

针对民用建筑中常见的业态类型，如办公、商业、酒店等，随着绿色建筑规范要求的不断提升，楼宇自控系统已成为智能化弱电系统中不可或缺的一个子系统。在楼宇自控系统中，主要监控的机电设备涵盖暖通、给排水、强电、电梯等多个专业领域。其中，暖通专业的控制占据主导地位，同时也是最为复杂的部分。不同建筑业态因空调形式的选择差异，其监控设置也呈现出较大的不同。相比之下，其他几个专业的监控内容则相对简单。因此，下文将重点阐述暖通专业的空调形式及其对应的控制要求，而对其他专业则不再详细赘述。

1.2.1 办公业态机电设备自控

办公建筑根据档次要求的不同，冷热源系统分别选用中央空调水系统、VRF（多联机）系统等，其末端空调设备也存在多种选择形式。例如，采用VRF（多联机）形式、PAU（新风机组）+FCU（风机盘管）形式、VAV（变风量）机组+VAVBOX（变风量空调末端）形式等。有些办公建筑考虑到小业主入驻后的内部分隔便利性，空调末端设备既采用FCU，又采用VAVBOX的混合形式。

针对上述多种机电设备设置形式，楼宇自控系统的设计应如何展开呢？

对于采用中央空调水系统的冷热源主机等机房设备，鉴于其重要性以及楼宇自控系统与冷机、锅炉设备之间的良好衔接需求，工程中通常将该套装置单独设置一套机房群控系统。通过预留通信接口，该群控系统可以与大楼整体的楼宇自控系统实现接驳，从而获取更多的机组设备参数，并通过多项监测参数的综合判断，实现更为出色的群控功能效果。

对于VRF形式，由于厂家通常会自带一套独立的系统控制装置，因此不再考虑通过楼宇自控系统对其进行控制。只需将该套系统通过网关通信接口形式接入到楼宇自控系统中，以便物管人员能够集中监视其运行状态。

对于PAU+FCU形式，楼宇自控系统需要分别对PAU和FCU

进行控制。其中，办公区与公共区的FCU控制方式存在差异。对于出租的办公区，考虑到本地操作的便利性和租户根据冷暖需求自行调节的灵活性，通常采用就地控制方式。而对于自用办公区，考虑由公司统一管理的便利性，采用就地控制＋远程控制相结合的方式，可以通过联网型温控面板来实现此功能要求。对于公共区的风机盘管，考虑由物业统一管理的便利性，可采用远程控制或远程控制＋就地控制两种方式。远程控制可以通过直接接入DDC控制方式实现，而远程控制＋就地控制的方式则通过联网型温控面板来实现。最终采用哪种方式，需要在开展设计前与业主进行沟通来确定。

对于VAV（变风量）机组形式，楼宇自控系统需要分别对VAV（变风量）机组＋VAVBOX进行控制。其中，VAV（变风量）机组具有多种控制方式，具体可参见本书。对于VAVBOX的监控，通过设置专用的VAVBOX控制器，并采用联网方式接入到整体的楼宇自控系统中。为保障系统无缝接入大楼楼控系统，需要在设计时对各自的通信接口协议进行约束，要求采用目前国际通用的BACnet接口协议。

1.2.2 商业业态机电设备自控

在大型商业购物中心中，通常设置中央空调水系统，冷、热源设备分别设置为制冷机组和锅炉。空调末端设备的配置则根据空间特性有所不同：大空间区域（主要为商业前场通廊）一般采用全空气系统，设置空调箱；空间相对紧凑的商铺及公共卫生间，则采用PAU（新风机组）搭配FCU（风机盘管）的形式。

针对上述机电设备的配置特点，楼宇自控系统的设计需作如下考虑：

（1）中央空调水系统的冷热源主机等关键机房设备，配置独立的机房群控系统，并通过通信接口与大楼整体的楼宇自控系统实现无缝对接。

（2）空调箱的控制方式需根据项目的实际情况，并参考本书提供的控制原理图,进行科学合理的选择。

(3) 对于 PAU 与 FCU 的组合,其控制策略需分别针对租户区和公共区进行细致规划。租户区的 FCU 通常需满足本地操作的便捷性以及租户根据实际需求自行调节的功能,因此多采用就地控制方式。而公共卫生间的风机盘管,则更多地考虑物业统一管理的便利性,采用远程控制。在满足基本空调舒适性的前提下,为降低能耗,通常仅对风机盘管的电气回路进行启停控制及运行状态监视;若项目对品质有较高要求,也可采用联网型风机盘管控制方案。

1.2.3 酒店业态机电设备自控

高星级酒店因对舒适度和酒店管理标准有着严格的要求,因此其机电设备的配置也更为讲究。中央空调水系统作为主流选择,其冷源和热源同样分别由制冷机组和锅炉承担。在末端空调设备的选择上,大空间区域如入口大堂、宴会厅、全日餐厅等,通常采用独立的全空气系统,并设置 VAV 空调机组以适应不同的负荷需求。而客房、公共区域(包括走廊、电梯厅、公共卫生间)以及其他功能区(如会议区、餐厅)等,则更多地采用 PAU 搭配 FCU 的形式。对于星级相对较低的酒店,分体空调或多联机成为主要选择。

针对上述机电设备的配置特点,楼宇自控系统的设计作如下考虑:

(1) 中央空调水系统的冷热源主机等关键机房设备,配置独立的机房群控系统,并通过通信接口与大楼整体的楼宇自控系统实现无缝对接。

(2) VAV 空调机组的监控策略需根据项目的实际情况进行灵活选择,本书提供的控制原理图可作为参考。在实际操作中,需结合项目的具体需求和控制精度要求,选择适合的控制方式。

(3) 对于 PAU 与 FCU 的组合,其控制策略需根据不同区域的特点进行差异化设计。客房内的 FCU(风机盘管)通常采用就地控制方式,以满足客人根据实际需求自行调节的需求。同时,这些设备还需接入到客房 RCU 控制系统中，以实现联网远程控制和不同控制模式的切换。当客人在房间时，温度可由客人根据需求进行手动调节；当客人不在房间时，风机盘管则保持低速运转以节省能源。公共区域和其他功能区的 FCU 则需考虑高星级酒店对舒适性的高要求以及酒店管理的便利性。联网型温控面板是一个不错的选择，但需注意温控面板的摆放位置以避免被客人误触。为了解决现场温度控制的问题，可以在风机盘管回风口处设置外置温度传感器，将温度信息实时传回到温控面板上，从而实现精确的温度控制。对于其他功能区如会议区和餐厅等，可采用联网型温控面板控制方式或本地非联网面板＋BA 控制方式以满足不同管理需求。BA 控制主要对风机盘管的电气回路进行启停控制及运行状态监视，以实现酒店管理的集中控制和各功能区相关管理部门本地手动控制调节的需求。

（4）对于分体空调和 VRF（多联机）形式，通常不考虑通过楼宇自控系统直接控制。分体空调采用就地控制方式即可；而 VRF 则具有更强的灵活性，除了实现就地控制外，还可以自成一套系统实现远程控制。通过预留通信接口与楼宇自控系统对接，实现物业的统一集中监视管理。

1.2.4 楼宇自控设计注意要点

（1）建筑业态考量

各建筑业态因功能迥异，所配备的机电设备类型亦有所不同。特别是暖通系统较为复杂，需结合具体项目所选用的机电设备，进行针对性的控制需求分析，从而制定出科学合理的控制方案。

（2）档次定位与成本控制

项目档次的定位直接影响到设计方案的全面性。对于高端项目，成本预算充裕，业主要求高，可考虑更全面的控制设计，本书中提供的控制原理图的可选项配置，均可进行选择；而对于成本控制较为严格的项目，则应注重常规配置，确保满足基本控制需求。

（3）地域气候适应性

地域差异导致气候环境多样，设计需因地制宜。例如，南方沿海城市因雨水充沛、湿度大，空调机组通常无需加湿装置；同时，冬季气温较高，部分区域可省略防冻报警开关装置。

（4）楼宇自控的核心

楼宇自控设计的核心在于控制逻辑。控制原理图作为前期设计的关键，其核心正是控制逻辑。监控点位作为控制逻辑的外在表现，旨在满足控制逻辑要求。施工调试阶段的软件编程同样围绕控制逻辑展开，因此，前期的控制逻辑设计至关重要，良好的规划可显著提升项目效率。

（5）与机电专业协同沟通

楼宇自控是针对主要机电设备进行监控，对于常规监控要求，作为楼宇自控设计人员是非常了解的，但对于一些非常规的机电设备或常规的机电设备提出新的监控要求，就需要与相关机电各专业设计人员进行充分沟通。所以在开展设计前，进行有效的沟通并了解各设备产品的监控要求，各产品都能提供什么接口供楼控接驳，就相当有必要了。

（6）向设计院提资

在施工阶段，经常会碰到楼宇自控施工需要的接口，机电承包单位没有预留或无法提供等现象，导致相关单位互相推诿以致影响项目进度，最终导致业主增加相关变更费用或延迟项目交付时间。比如强电照明回路的监控，楼宇自控控制原理图要求按照节省的模式，几个回路合用一个BA点位，统一进行监控，而设计院的强电图纸按照每个回路分别提供接触点供BA接驳。

涉及以上举例的以及其他类似的需要设计院在机电施工图纸中规划设计接口的一系列问题，需要楼宇自控设计人员提前与设计院相关设计人员进行对接，完善前期的机电施工图设计。

（7）电源设计的可靠性

由于楼宇自控是针对机电设备进行监控，而机电设备分布于建筑内各个区域，比较分散，尤其是地库，覆盖的范围广，故而对于楼宇控制设备的供电，习惯做法就是就地供电。在实施过程中，楼宇自控施工单位协商机电承包单位提供一路电源，只要能够供电即可，楼控设备供电安全没有保障，可靠性不高，一旦供给的电源回路出现故障，相应的楼控设备就无法自动运转，影响了相关机电设备的自动控制。

为了避免以上现象发生，需要考虑给楼控设备提供稳定可靠的电源供应，故而在整体智能化弱电系统规划设计时，采用UPS电源从弱电机房集中供电到弱电管井，分配给楼宇自控设备。对于部分供电距离较远的设备，可将机房UPS电源单独分配到该区域，设置UPS分配箱，或就近设置小型的UPS主机直接供电。

（8）界面划分的明确性

楼宇自控系统是针对机电设备进行监控，所涉及的机电各专业方方面面的交界面非常多，详见本书中BA与机电各专业界面划分表。

若在施工前招投标阶段，各标段间界面划分没有规划好，且标书中对于各自的工作范围也没有相关明确划分要求，则后续施工阶段时，会出现很多互相推诿的现象，最终结果要么是对相关功能进行删减，要么就是增加相关的变更，即使这样，还有好多因施工现场进度及现场条件不具备的情况，无法再返工，最终也只能不了了之，无法实现当初规划的功能齐全的楼宇自控系统。

1.3 本书的特色

1.3.1 当前楼宇自控系统的市场痛点剖析

在民用公共建筑项目中，起初是部分推行楼宇自控系统，近年来随着绿色建筑评价标准的严格实施，该系统已逐渐成为绿色建筑智能化弱电系统的标配。然而，尽管应用广泛，已实施的楼宇控制项目的实际运行效果却远未达到预期，众多项目处于半运行甚至完全停用状态。从市场反馈来看，不少项目在楼控功能尚未完全调试完毕的情况下就被匆匆移交给物业管理方，导致仅能实现如灯光控制等基础功能，而涉及复杂的空调控制、冷热源群控等高级功能则无法正常运作。

造成这一现状的原因复杂多样，涉及设计与施工等多个层面。鉴于施工调试方面非本文重点，以下将着重探讨与设计相关的核心因素。

在施工图设计环节，楼宇自控系统的核心在于楼宇控制原理图的绘制，这一步骤至关重要，其蕴含的信息量巨大，且对后续工作产生深远影响。一方面，原理图的准确性直接关系到楼宇控制点表的编制，进而影响业主对该部分招标造价的精准把控。另一方面，控制原理图通常要求详细阐述控制逻辑，并明确部分参数的初始设定，尤其针对复杂机电设备的控制设计。

若前期设计工作不够深入，内容相对简略，例如控制逻辑表述模糊、初始参数设定不明，那么在后续实施过程中，由于多数施工单位对楼宇自控系统缺乏深入了解，往往高度依赖厂商的技术支援。加之大部分项目中弱电施工单位进场时间较晚，导致工期紧张。在多重不利因素的交织下，楼宇自控系统能够勉强完成调试并投入运行，已属不易，至于是否充分发挥其各项功能，则往往无暇顾及。

在施工图设计阶段，楼宇控制原理图的设计扮演着举足轻重的角色。同时，在招投标流程中，楼宇自控系统与各施工单位之间的界面划分同样至关重要。楼宇控制涵盖对机电各专业设备的全面监视与控制，其涉及范围广泛，界面划分工作因而显得尤为复杂。若此环节处理不当，将极易导致后续施工过程中各施工单位间的相互推诿，进而对业主既定的造价预算产生不利影响，可能引发费用增加、工程返工，甚至为赶工期而牺牲部分功能。

具体而言，为确保楼宇自控系统能够有效实现机电设备的启停控制、手动/自动状态监视、设备运行状态监测及故障报警等功能，相关单位需在机电控制箱中预留二次回路接触端子，以供楼宇自控系统进行接驳。此外，对于其他如电力监控系统等，通常由供电单位自建独立系统，并通过通信接口形式与 BA 系统实现数据交互。在此情况下，招标阶段就需细致规划双方界面，明确各相关单位的职责范围及所需提供的接驳条件，包括但不限于通信接口的数量、类型、是否开放协议，以及所能提供的设备参数等，均需提前规划并清晰界定。

1.3.2　本书特色说明

针对设计实践中存在的种种挑战，本书在编写时，深入设计核心，力求精准解决行业痛点，为业内同仁提供一套覆盖设计、招投标、施工等全链条的技术指南。本书旨在优化楼控系统设计，确保其功能的充分发挥，推动机电设备管理的自动化进程，实现操作便捷性与能源效率的双重提升。

（1）全面覆盖性

广泛场景纳入：本书详尽涵盖了市场上可能出现的各类楼宇控制场景，包括但不限于空调领域的空调箱机组、新风机组、变风量（VAV）机组、冷水机组、冰蓄冷机组及锅炉设备等监控；给排水领域除常规监控外，还特别加入了减压阀、分体式及一体式隔油池的监视；电气领域则在常规监控基础上，扩展至光伏发电、UPS 主机及蓄电池的监视等，确保内容的广泛性和实用性。

多元控制方式：针对光伏发电系统、雨水/中水回收系统、太阳能系统等，既考虑了通过先进的通信接口接入楼控系统，也规划了通过传统干接点形式接入的方案，提供了灵活多样的控制选择，以适应不同项目的实际需求。

个性化需求满足：在常规控制设置的基础上，深入总结了各类可选项控制，旨在满足业主的多样化需求。以空调专业的空调机组为例，增设了静电除尘/袋式除尘、加湿、纳米净化等作为可选功能；给排水专业的生活水箱监控，则额外考虑了超高、超低液位监测，并提供了漏水报警监测作为可选配置，充分体现了设计的灵活性和个性化。

(2) 针对性

在设计过程中，充分考虑了当前市场上各类产品所提供的监控接点端子的特性，并以此为基础进行了具有针对性的规划。例如，在隔油装置方面，明确区分了分体式隔油提升装置与智能化隔油一体式提升装置两大类。通过与制造商的深入沟通，了解到智能化隔油一体式提升装置仅能提供故障报警信号供楼宇控制系统进行接驳。而在给排水变频水泵领域，通常变频器与水泵集成于同一回路之中，其运行状态与故障报警信号具有通用性。因此，在接入楼宇控制系统时，仅需接入变频器或水泵的运行状态与故障报警信号，避免了不必要的重复接入。有关这些设计的具体细节，读者可参阅本书中相关的控制原理图以获得更为直观的理解。

(3) 实用性

精心编写了楼宇控制与机电各专业之间的界面划分表。该表对机电各专业中与楼宇控制系统存在交互界面的系统、设备进行了全面且系统性的分类与整理。此表的制定，旨在为行业内的同仁们提供一个通用的界面划分参照标准，以便在实际工作中能够更加高效、准确地界定各专业间的责任边界。

(4) 经济性

在编写过程中，深入考量了楼宇控制设计的经济合理性与实用性。在编辑控制原理图解章节时，将基本项与可选项进行了明确区分，旨在为设计师提供一个清晰、直观的参考框架。设计师在规划设计方案时，可以根据各自项目的独特定位、实际需求以及造价预算的约束条件，有针对性地选择相应的控制元素，从而有效避免过度设计带来的不必要成本增加，确保设计的经济性与高效性得以完美融合。

此外，在一个项目中，若灯光照明的控制回路数量众多，在编制楼控点表时，逐一回路分别计入一个控制点位与一个状态反馈点位，将导致该部分点表数量的统计占比异常突出，其相应的造价成本同样不可小觑。出于经济性和节能性的双重考量，可以采取将开关回路依据 25%、50%、75%、100% 的比例进行智能化合并与优化的策略，从而有效减少楼控点的数量，并随之大幅降低楼控系统的造价成本。此举不仅充分满足了物业公司对于便捷管理的需求，同时也实现了节能减排与成本控制的双重目标。

第 2 章　建筑设备监控系统设计说明

2.1　系统概述

建筑设备监控系统是智能建筑中的一个重要系统，是将与建筑物有关的暖通空调、给排水、电气、电梯等设备集中监视、控制和管理的综合性系统。建筑设备监控系统是以计算机局域网为通信基础、以计算机技术为核心的计算机控制系统，它具有分散控制和集中管理的功能。

建筑物内诸多的机电设备之间需依靠完善的集中和自动化管理建立起相互联系才能正常运行并充分发挥作用，进而达到对机电设备进行综合管理、调度、监视、操作和控制，并达到节能的目的。

2.2　系统功能

建筑设备监控系统一般由监控主机、DDC、前端传感器和通信网络四个主要部分构成。

监控主机是监控系统的核心，由主机、外设和软件构成，其主要功能为：自动监视系统中每台设备的运行状态和系统的运行参数，使其在合理化的状态下工作，对设备故障和异常参数及时报警和自动记录、存储和查询历史运行数据等。

现场控制器 DDC 是安装于现场监控对象附近的小型化专用计算机控制设备，它对现场仪表信号作数据采集和转换，接受监控主机命令或独立工作，输出控制信号至现场执行机构。

前端传感器分为检测仪表和执行仪表两大类。其中，检测仪表包括：PM2.5、温度、湿度、压力、压差、流量、水位、一氧化碳、二氧化碳、照度、电量等测量仪表，它们能将被检测的参数稳定、准确、可靠地转换为现场控制器可接受的电信号（数字量和模拟量）；执行仪表包括：对被调量可进行连续调节的调节阀类仪表（如电动调节阀）和对被调量进行通、断两种状态控制的切断阀类仪表（如电动蝶阀、电磁阀、电动风门执行机构等），它们接受现场控制器的信号，对现场参数进行稳定、准确、可靠的调节。

通信网络的核心技术是现场总线，现场总线是连接智能现场设备（包括传感器、控制器、智能阀门、微处理器、仪表等）和自动化系统的数字式、双向传输、多分支结构的通信网络。它使不同厂家的产品互操作，目前的开放性标准主要有局部操作网络标准（LonWorks）和楼宇自控网络标准（BACnet）。

建筑设备监控系统能达到以下功能：

(1) 提供整体监测，对机电设备故障作出即时察觉及分析，减少因小故障而引起的其他问题，同时节省时间和资金。

(2) 配合自控系统的节能程式操作，减少不必要的能源浪费。

(3) 提供防范性保养，对可能发生的设备问题作出事先维修。

(4) 提高对楼宇的整体管理效率，节省人力和时间。

2.3 设计依据

1. 《民用建筑电气设计规范》（GB 51348—2019）

2. 《智能建筑设计标准》（GB 50314—2015）

3. 《局域网总线标准》（IEEE 802.3）

4. 《自动化仪表工程施工及质量验收规范》（GB 50093—2013）

5. 《民用建筑供暖通风与空气调节设计规范》（GB 50736—2012）

6. 《电气装置安装工程施工及验收规范合编》（2022年版）

7. 《智能建筑工程质量验收规范》（GB 50339—2013）

8. 其他国家及行业现行的有关设计规范及标准

2.4 系统设计说明

建筑设备监控系统根据主要监控对象（不含纯消防设备）一般可分为如下几个专业子系统。

2.4.1 暖通专业

（1）送排风、排油烟系统

（2）高压微雾加湿系统

（3）除湿热泵系统

（4）诱导风机系统

（5）空调系统

（6）热交换系统

（7）冷热源系统

对其中的机电主要设备包括送排风机、除湿热泵、加湿主机、诱导风机、板式换热器蝶阀、空调水泵、电子式定风量阀、制冷机组、冷水泵、电动蝶阀、冷却水泵、冷却塔风机、热水机组、膨胀水箱、热泵机组、锅炉等进行监视和控制。

2.4.2 给排水专业

（1）给水系统

（2）排水系统

（3）太阳能系统

（4）中水、雨水系统

对其中的生活水箱、各类水泵、隔油池等设备进行监视和控制。

2.4.3 电气专业

(1) 室外景观照明/广告照明/泛光照明/智能照明系统

(2) 公共区域照明系统

(3) 柴油发电机组系统

(4) 供配电系统

对其中的广告灯箱、景观灯具、泛光幕墙灯、公共照明、35kV中压开关柜、10kV中压配电柜、变压器、低压配电柜、蓄电池充电控制器、柴油发电机组等设备进行监视和控制。

2.4.4 电梯专业

(1) 电梯监视系统

(2) 自动扶梯监视系统

对其中的电梯、自动扶梯等设备进行监视和控制。

2.4.5 擦窗机

对擦窗机故障报警进行监视。

具体控制说明以及工作原理详见后面章节的各个系统监控原理图。

2.5 各专业间的配合

通用要求：

(1) 机电施工单位需按BA系统点表及图纸要求提供无电压接点，以供连接至BA系统。

(2) 机电施工单位负责BA系统所有子系统的电源供应［220V（含）以上］，并按弱电施工单位的要求引至相关用电位置（弱电统一UPS集中供电的除外）。

具体要求详见楼宇控制与机电各专业界面划分表。

2.6　注意事项

BA系统施工前，需注意明确各专业有哪些子系统；明确各子系统要实现哪些功能；明确各子系统关键设备的技术指标和技术类型，以及设备材料表；明确各子系统的点位数量、布置和弱电井、控制室位置；明确公共区域线槽规格路由、预留孔洞、暗埋管路。

对于BA系统，还需要重点了解所监控机电设备的工艺流程及监控点设置、监控点的类型（AI、AO、DI、DO）及供电等级、控制器的划分、相关的机电设备和电气控制箱编号及平面敷设图等。

2.6.1　管线敷设重点注意事项

首先是要确认系统所要求使用的管材材质，也就是常用的钢管还是PVC管材，并注意对所需要管材的品牌及壁厚要求，是否符合施工要求、是否需要监理方检验（或是第三方检验机构）等；注意整个项目各个系统的施工顺序；例如注意弱电系统施工时，管线的走向要优先考虑暖通、消防、上下水及强电等系统管线安装，此项工作注意提前考虑，并积极加强现场的协调工作。注意管线的安全距离，主要考虑管线之间的电磁干扰、防范工艺管线的冷热、腐蚀、水汽等因素，保证管线敷设后，减少将来的故障点。

施工方式上，注意管线过梁、过墙等比较特殊情况下的施工工艺。了解电源箱及控制箱的安装方式，决定如何进行管线敷设。

注意成排管线直行及转弯的安装工艺，保证横平竖直、转弯美观。

2.6.2　线缆敷设重点注意事项

注意线缆敷设前，先检查线路的路由是否通畅，包括转弯及过线部分，以免影响施工。

线缆型号及长度核实，点位性质及功能核实，以便检查是否存在设计及前期施工问题。注意人员数量及设备（对讲机、穿线器等）的准备工作。

由于BA系统通常主要使用钢管，所以在线缆敷设时，要十分注意管口，不要损伤线缆保护层。在考虑项目工期、人员安排的同时，要特别注意线缆的敷设顺序，保证线缆的有效利用以节约线材。

2.6.3 设备安装重点注意事项

核对图纸，检查设备的型号及规格是否符合设计要求；控制箱及与其他工种在视觉效果、功能参数和施工工艺工法或工序等方面无直接交互界面的设备，可以根据进度安装；但是，在视觉效果、功能参数和施工工艺工法或工序等方面与其他工种有交互界面的，需要根据其他工种的安装进度及时协调设备订货、到货及安装时间，必要时需要与其他工种共同确认验货、联合签字，这一点非常重要。

在BA系统设备安装过程中，各种阀门、工艺管道检测元件及设备的安装是BA系统的重点及难点。

2.6.4 控制箱及电源箱安装重点注意事项

注意环境保护（防水、防腐等）、电磁干扰防护及安装位置的选择；注意箱体进线及箱内布线的合理性。注意箱内接线尽量减免干扰，且应便于接线、调试、美观及日后维护工作，安装牢固，标识清晰。

2.6.5 设备接线重点注意事项

注意电源配电检测点的接线、元器件的接线、变压器及高压配电装置的接线，由于在接线的时候，部分设备已经试运行并带电，不仅要考虑人员的安全，也要考虑设备的安全。同时，仔细阅读设备说明书，由于多数是外文资料，注意设备输入输出的电压等级（110V还是220V）及信号形式。各接口系统中，接线复杂的设备需要求提供接线图，如楼宇自控系统的控制器、各种控制箱及电机等设备的接线。

2.6.6　系统单机调试及整体调试重点注意事项

单机调试时，需仔细调试，特别是安装在工艺设备及管道上的设备，仔细检查其执行机构的灵活度及行程。

注意检查电气设备及工艺设备元件的可用性及可靠性，使调试顺利进行。现场调试过程中，调试团队的有效配合也十分重要。因为现场控制箱（控制器）和现场设备一般距离比较远，需要及时联络、即时通信以保证系统调试效果的可靠。只有及时了解所调试设备的工艺特性及当前状态，才能判断现场设备的状态是否正确。

应急处理预案要在调试之前制定完成，并及时通报相关单位，包括监理、建设方、设计单位等。

2.6.7　屏蔽问题

电磁干扰和辐射是整个弱电系统面临的主要问题之一。BA系统布线的整体性能也取决于应用系统最薄弱的网络电缆及相关设备连接线的施工工艺上。

在BA系统布线中，为了保证屏蔽的效果，系统必须可靠接地并保证系统的最小接地电阻；电源线与信号线应分开敷设，根据设计图纸上各段线路的长度选配电缆，尽量避免电缆的接续，必须接续时应采用专用接头件。

2.6.8　阀门及管道的安装问题

根据图纸及相关技术文件的要求，核对阀门规格及型号，并要核实工艺管道介质的流动方向，特别注意对现场实际设备及管道安装情况的检查。

阀门安装过程中，注意阀门及管道的密封及焊接质量，注意调节阀门的操作机构及传动装置的灵活性。施工中，对于调节阀要注意对相关检测、显示仪表的保护防护工作等。

第 3 章　楼宇控制与机电各专业界面划分

楼宇控制系统中，弱电施工单位与空调、给排水、电气和其他专项施工单位之间的承包界面划分，经常存在重复招标、界面不清晰等问题。给后续施工的顺利开展和竣工结算都带来或大或小的障碍，极端时还会影响到 BA 系统的正常稳定运行。

有些设备和机电系统需要考虑系统自身的安全和独立运行条件，因此与楼宇控制系统之间最多也只是上传部分运行状态，楼宇控制系统对其只监不控，如电梯、泛光等系统，这类设备设施的控制系统往往主要由单一施工单位实施，责权明确、现场管理相对容易；有些系统则需要现场搭建链路、组网和编程，传感器、控制器等需要内置于水管、风管安装，工种之间的界面和工序配合较多，往往也是现场纠纷最多、管理最复杂、最容易出错的控制系统；对于一些控制模式固定程度较高的系统，如潜水泵等，往往由厂家配套提供电控柜，其与楼宇控制系统之间也往往仅采用将其运行状态、操作模式和部分关键的信息点传送至控制中心的通信方式。

本章中，结合实际工程中的案例设定了不同系统工种之间的界面划分关系，并做了详细说明，详见表 3-1。

表 3-1 楼宇控制（BA）与机电各专业界面划分

机电专业	机电系统分项	机电各专业界面描述					备注
		楼宇控制（BA）	空调	给排水	强电	电梯	
暖通	风系统传感器	涉及与BA系统有关的风系统上的传感器，由楼宇控制承包单位供应安装，并负责接入到楼宇控制系统的管线	涉及风系统上的传感器，由空调承包单位负责开孔及工作				
	水系统传感器	涉及与BA系统有关的水系统上的传感器，由楼宇控制承包单位供应安装，并负责接入到楼宇控制系统的管线	涉及水系统上的传感器，由空调承包单位负责开孔及安装工作				
	风系统阀门、水系统阀门体及执行器	楼宇控制承包单位负责控制执行器的管线，各类执行器的设备供电电压 24V 以下（含24V）由楼宇控制承包单位负责	空调承包单位负责风系统、水系统阀门体及执行器的供应及安装		各类执行器的供电：供电电压 24V 以上由强电承包单位负责		
	送排风机、排油烟机	楼宇控制承包单位负责从送排风机到楼宇控制预留的二次回路的管线，按照业主要求及楼宇控制标准，实现相应的自动控制及参数反馈			强电承包单位需负责按照楼宇控制标准，提供楼宇控制承包单位一次回路接驳端子排		通过干接点形式接入楼宇控制系统

22

第3章 楼宇控制与机电各专业界面划分

续表

机电专业	机电系统分项	机电各专业界面描述					备注
		楼宇控制（BA）	空调	给排水	强电	电梯	
暖通	高压微雾加湿系统	楼宇控制承包单位负责从高压微雾系统承包单位预留的通讯接口到楼宇控制系统的管线。按照业主要求及楼宇控制标准，将高压微雾系统相关监测数据导入BA平台并正常显示	高压微雾系统自成一套系统，承包单位负责相应地预留通讯接口，通用的主流通讯协议并开放。配合单位将所需的监测数据导入BA平台				通过系统通讯接口形式接入楼宇控制系统。湿度传感器由厂家配套设置
	游泳池除湿热泵系统	楼宇控制承包单位负责从泳池除湿热泵系统承包单位预留的通讯接口到楼宇控制系统的管线。按照业主要求及楼宇控制标准，将游泳池除湿热泵系统相关监测数据导入BA平台并正常显示	泳池除湿热泵系统承包一套系统，并相应地预留通讯接口，采用国际通用的主流通讯协议并开放。配合单位承包所需的监测数据导入BA平台				通过系统通讯接口形式接入楼宇控制系统
	诱导风机系统	楼宇控制承包单位负责从诱导风机系统承包单位预留的通讯接口到楼宇控制系统的管线。按照业主要求及楼宇控制标准，将诱导风机系统相关监测数据导入BA平台并正常显示	诱导风机系统承包一套系统，承包单位负责相应地预留通讯接口，采用国际通用的主流通讯协议并开放。配合单位承包所需的监测数据导入BA平台				通过系统通讯接口形式接入楼宇控制系统

续表

机电专业	机电系统分项	机电各专业界面描述					备注
		楼宇控制(BA)	空调	给排水	强电	电梯	
暖通	空调箱机组	楼宇控制承包单位负责从空调箱机组单位承包预留承包单位承包预留传感器以及二次回路干接点监测传感器以及二次回路干接点接入楼宇控制系统的管子排到系统子端子排,按照楼宇控制标准,实现相应的自动控制及参数通讯反馈,以及将接入BA平台形式接导入BA平台合并接口形式接导入BA平台合并正常显示	空调箱机组承包单位负责空调机组提供楼宇控制承包单位所需要提取的二次回路干接点和干接点式主流成系统子端子排,以及对于自动回部分需预留国际通用的主流通讯接口开放,配合楼宇控制承包单位将导入BA平台测数据导入BA平台				通过系统通讯接口或干接点形式接入楼宇控制系统。涉及传感器、阀门及执行器界面详见表行开始执行相关规定说明
暖通	公共区域空调末端—风机盘管(联网型温控面板设置形式)	楼宇控制承包单位负责联网型温控面板自成一套系统控制平台,包括温控器,外置温度传感器,联网温控面板连接到风机盘管的控制,以及温控器联网管线之间连接及系统求及楼宇控制标准,实现对风机高中低的调控及参数监测	风机盘管承包单位负责风机盘管安装风机盘管,以及配合楼宇控制承包单位接入风机盘管的单位接线				通过系统通讯接口或干接点形式接入楼宇控制系统。涉及传感器、阀门及执行器界面详见表行开始执行相关规定说明

第3章 楼宇控制与机电各专业界面划分

续表

机电专业	机电系统分项	机电各专业界面描述					备注
		楼宇控制（BA）	空调	给排水	强电	电梯	
暖通	公共区域空调末端—风机盘管（DDC控制形式）	楼宇控制承包单位负责从二次回路干接点子排到接入楼宇控制系统的管线。按照楼宇控制标准，实现相应的自动控制及参数反馈	风机盘管承包单位负责供应安装风机盘管，以及配合楼宇控承包单位接驳的单位接口风盘管的接线		强电承包单位负责提供供楼宇控承包单位接驳的二次回路端子排		
	空调末端—VAV BOX	楼宇控制承包单位负责将VAV BOX DDC控制器之间联网接入以及接入到大楼同层DDC控制器的联网管线	VAV BOX承包单位负责供应安装 VAV BOX DDC控制器，并提供供楼宇控承包单位接驳的国际通用的主流通讯协议并开放，如BACnet协议接口				通过设备通讯接口形式接入楼宇控制系统
	冷热源群控系统（整套系统通过通讯接口接入）	楼宇从冷热源承包单位预留的通讯接口到楼宇控制系统的管线。按照楼宇控制标准，主要将冷热源系统相关监测数据导入BA平台并合并正常显示	冷热源系统承包单位需自相应地预留通讯接口协议并开放。配合楼宇控承包单位将所需的监测数据导入BA平台				通过系统通讯接口形式接入楼宇控制系统。以冷热源机房为界面分点，机房内属于群控范围，机房外属于楼宇控制承包范围

续表

机电专业	机电系统分项	机电各专业界面描述					备注
		楼宇控制（BA）	空调	给排水	强电	电梯	
暖通	冷热源群控系统（整套系统通过DDC控制形式接入）	楼宇控制承包单位负责从冷热源系统中部分设备通讯接口（如冷机、锅炉设备等）或部分子项系统预留通讯接口（加药装置等），各类监测传感器以及二次回路端子排到楼宇控制系统的管线，按照业主要求及楼宇控制标准，实现相关自动控制及参数反馈，以及将通过接口形式接入的相关监测数据导入BA平台并正常显示	冷热源系统相关设备承包单位负责提供供楼宇控制承包单位接驳的二次回路端子排，以及对部分子项系统需预留通讯接口流通讯协议国际通用并开放。配合楼宇控制承包单位将所需的监测数据导入BA平台				通过部分设备、子项系统通讯接口+干接点形式接入楼宇控制系统。涉及传感器、阀门及执行器界面详见表格开始行相关规定说明
给排水	定频水泵	楼宇控制承包单位负责从定频水泵预留的二次回路端子排到楼宇控制系统的管线，按照业主要求及楼宇控制标准，将相关监测数据导入BA平台并正常显示		定频水泵承包单位需负责按照楼宇控制标准要求及提供供楼宇控制承包单位接驳的二次回路端子排			通过干接点形式接入楼宇控制系统

第3章　楼宇控制与机电各专业界面划分

续表

机电专业	机电系统分项	机电各专业界面描述					备注
		楼宇控制（BA）	空调	给排水	强电	电梯	
给排水	变频水泵	楼宇控制承包单位负责从变频水泵承包单位预留的二次回路接入楼宇控制系统端子排到楼宇控制系统的管线。按照业主要求及楼宇控制标准，将相关监测数据导入BA平台并正常显示		变频水泵承包单位负责按照楼宇控制标准，提供及楼宇控制承包单位接驳端子排的二次回路的管线（压力传感器及连接到变频控制器的管线应安装由变频水泵承包单位负责）			通过干接点形式接入楼宇控制系统
给排水	生活水箱	楼宇控制承包单位负责从生活水箱承包单位预留的二次回路接入楼宇控制系统端子排到楼宇控制系统的管线。按照业主要求及楼宇控制标准，将相关监测数据导入BA平台并正常显示（漏水侦测绳由楼宇控制厂家供应安装）		生活水箱承包单位负责按照楼宇控制标准，提供及楼宇控制承包单位接驳端子排的二次回路的管线（超高超低浮球开关由生活水箱承包单位负责安装，并提供信号供楼宇控制系统接驳）			通过干接点形式接入楼宇控制系统
给排水	减压阀	楼宇控制承包单位负责供应安装接入楼宇控制系统的管线。按照业主要求及楼宇控制标准，将相关监测数据导入BA平台并正常显示		减压阀管水包承包单位按照楼宇控制标准要求，在水管上的进行开孔			通过干接点形式接入楼宇控制系统

续表

机电专业	机电系统分项	机电各专业界面描述					备注
		楼宇控制（BA）	空调	给排水	强电	电梯	
给排水	集水井	楼宇控制承包单位负责从集水井承包单位预留的二次回路干接点端子排到楼宇控制系统的管线。按照楼宇控制标准，将相关监测数据导入BA平台并正常显示		集水井承包单位按照楼宇控制标准，需负责楼宇控制承包单位主要提供供楼宇控制承包单位接驳子排（超高回路端的二次液位开关由集水井承包单位负责安装，并提供信号供楼宇控制系统接驳）			通过干接点形式接入楼宇控制系统
	隔油池	楼宇控制承包单位负责从隔油池承包单位预留的二次回路干接点端子排到楼宇控制系统的管线。按照楼宇控制标准，将相关监测数据导入BA平台并正常显示		隔油池承包单位按照楼宇控制标准，需负责楼宇控制承包单位主要提供供楼宇控制承包单位接驳子排（超高回路端的二次液位开关由隔油池承包单位负责安装，并提供信号供楼宇控制系统接驳）			通过干接点形式接入楼宇控制系统

第3章 楼宇控制与机电各专业界面划分

续表

机电专业	机电系统分项	机电各专业界面描述					备注
		楼宇控制（BA）	空调	给排水	强电	电梯	
给排水	雨水、中水或太阳能系统	楼宇控制承包单位负责从雨水、中水或单位预留端子排到二次回路的通讯接口到楼宇控制系统的管线，按照业主要求及楼宇控制标准，将相关监测数据导入BA平台并正常显示		雨水、中水或太阳能系统承包单位负责自成一套系统，并分别相应地预留国际通用通讯接口开放，或预留干接点信号供楼宇控制系统接驳。配合楼宇控制承包单位将所需的监测数据导入BA平台			通过系统通讯接口或干接点形式接入楼宇控制系统
强电	室外景观、泛光、智能照明系统	楼宇控制承包单位负责从室外景观、泛光、智能照明系统的通讯接口接入到楼宇控制系统的管线，按照业主主要求及楼宇控制标准，将相关监测数据导入BA平台并正常显示			室外景观、泛光、智能照明系统承包单位负责自成一套系统，并应预留国际地主流通用的通讯协议开放。配合楼宇控制承包单位将所需的监测数据导入BA平台		通过接口形式接入楼宇控制系统。这里景观照明自成一系统，通过接入楼宇控制系统，若采用干接点形式，则参见以下公共区域照明设置要求

续表

机电专业	机电系统分项	机电各专业界面描述					备注
		楼宇控制(BA)	空调	给排水	强电	电梯	
强电	电力监控系统	楼宇控制承包单位负责从电力监控系统预留的通讯接口到楼宇控制系统的管接入线。按照业主控制标准，将相关监测数据导入BA平台合并正常显示			电力监控系统承包单位需负责，并分别成一套系统，预留地主流通用的协议并开放。配合楼宇控制承包单位将所需的监测数据导入BA平台		通过系统通讯接口形式接入楼宇控制系统
强电	公共区域照明	楼宇控制承包单位负责公共区域照明系统预留的二次回路端子排到楼宇控制接入点系统的管线。按照业主控制标准，实现要求及控制的自动调节和参数反馈			公共区域照明承包单位负责，并自成一套系统，主要求及提供楼宇控制承包的二次回路端子排		公共区域包含景观明亮、广告、室内公区等，此处采用干接点形式接入楼宇控制系统
强电	柴油发电机组	楼宇控制承包单位负责从柴油发电机组预留的通讯干回路二次接入楼宇控制系统的管线，按照业主控制标准，将相关测数据导入BA平台合并正常显示			柴油发电机承包单位负责，并分别自成一套系统，预留地主流通用的协议并开放；同时提供楼宇控制承包单位接驳的二次回路端子排		通过系统通讯接口干接点形式接入楼宇控制系统

第3章 楼宇控制与机电各专业界面划分

续表

机电专业	机电系统分项	楼宇控制（BA）	空调	给排水	强电	电梯	备注
强电	柴油发电机组				控制承包单位将所需的监测数据导入BA平台（日用油箱的高低液位浮球开关由柴油发电机承包单位负责供应安装，并提供信号供楼宇控制系统接驳）		
强电	光伏发电系统	楼宇控制承包单位负责从光伏发电系统承包单位预留的通讯接口或二次回路预留干接点到楼宇控制系统的管线，按照业主要求及楼宇控制标准，将相关监测数据导入BA平台并正常显示			光伏发电系统承包单位负责自成一套系统，并分别相应地预留通讯国际接口，相关协议并开放；或预留设备干接点信号供楼宇控制系统接驳。配合楼宇控制承包单位将所需监测数据导入BA平台		通过系统通讯接口或接点形式接入楼宇控制系统

续表

机电专业	机电系统	分项	机电各专业界面描述					备注
			楼宇控制（BA）	空调	给排水	强电	电梯	
强电	UPS不间断电源及蓄电池		楼宇控制承包单位负责从UPS不间断电源主机及各个蓄电池之间的联网包以及到楼字控制系统的管线。按照标准，将业主要求及监测数据导入BA平台并正常显示			UPS不间断电源及蓄电池承包单位需分别相应地预留国际通用的通讯接口，配合楼控所需的协议并开放，将导入BA平台所需的监测数据承包单位导入BA平台		通过设备通讯接口形式接入楼宇控制系统
电梯	电梯系统		楼宇控制承包单位负责从电梯承包单位预留的通讯接口接入楼宇控制系统的管线。按照控制标准，主要要求及电梯系统相关标准，将监测数据承包单位导入BA平台并正常显示				电梯承包单位负责所有垂直梯及扶梯自成一套系统，并在消控安保机房电梯管理主机上预留国际通用协议接口协调并开放。配合楼宇控制所需的承包单位将监测数据导入供楼宇控制承包单位接驳	通过系统通讯接口形式接入楼宇控制系统

注：设备通讯接口，仅指单个设备预留的通讯接口；系统通讯接口，指机电子系统自成一套系统，通过统一的通讯接口，供楼字控制承包单位接驳。

第4章 电气专业设备及成套系统 BA 控制原理

电气专业设备及成套系统 BA 包括室外景观照明/泛光照明/智能照明监控、电能管理系统监控、公共区域照明监控、柴油发电机组监控、光伏发电系统监控、不间断电源（UPS）主机及蓄电池监控、电梯及自动扶梯监控。

电气的监控系统中，既有涉及安全类的，比如电梯控制系统，也有涉及国家公共能耗监管类的，如电能监控系统，还有涉及效果要求类的，如智能照明和楼体外观照明。

各种系统既可以独立就地工作，也可以链接入 BA 系统，由 BA 统一监视。具体各系统的控制要求，可详见下面文中各部分的控制原理要求和控制图表。

4.1 室外景观照明/泛光照明/智能照明监控原理

照明部分的控制系统根据服务场所和展示场景的复杂程度不同，有不同的控制方式。

最简单的控制方式就是时间控制，时间控制里最简单的方案就是在供电电路上设置时间控制继电器。时间继电器控制电源开关的方式，建造成本低，控制简单，但不利于后续批量修改时间变量。这种方式常见于景观灯光控制、住宅楼体泛光控制和无调光要求只区分时间段通断不同回路的照明系统中。

对于有调光需求的场所，可以采用智能控制方案。室外通常采用DMX512控制方案，室内可以采用智能照明模块组建的灯光控制方案。灯光控制系统，因控制需求和效果要求，当前工程建设中均为独立的控制系统，如需与 BA 对接，有两种方案：一是仅对控制主机监测其控制和工作状态，这种方式采用干接点即可实现；二是采用高阶通信接口的方式将控制系统内的更多控制信息传输到 BA 主控，供主控了解到更多具体的照明系统的运行状态。

当然，这里顺便提一句，本书中所提及的泛光照明，可看作是对楼体外观照明系统的一种通俗称谓，楼体外观所采用的照明方式不见得都采用泛光手法，因书中内容所限，不展开论述。

室外景观照明/泛光照明/智能照明监控原理如图 4-1 所示。

室外景观照明/泛光照明/智能照明监控系统主要功能如表 4-1 所示。

表 4-1　室外景观照明/泛光照明/智能照明监控主要功能

监控项	监控说明	备注说明
参数检测及报警	泛光照明的手动/自动控制状态、故障报警、运行状态反馈至控制中心	
	室外景观的手动/自动控制状态、故障报警、运行状态反馈至控制中心	此控制原理图景观照明采用接口协议形式，若采用干接点形式，详见公共区域照明图
	智能灯光的手动/自动控制状态、故障报警、调光状态、运行状态反馈至控制中心	

注：1. 对于通过通信接口接入 BA 的设备或系统，需设备或自成系统的厂家提供国际通用的主流通信接口协议（TCP/IP/BACNET/MODBUS）并开放。
　　2. 景观照明若采用时间模块控制，则不需要接入 BA 系统。

第4章 电气专业设备及成套系统BA控制原理

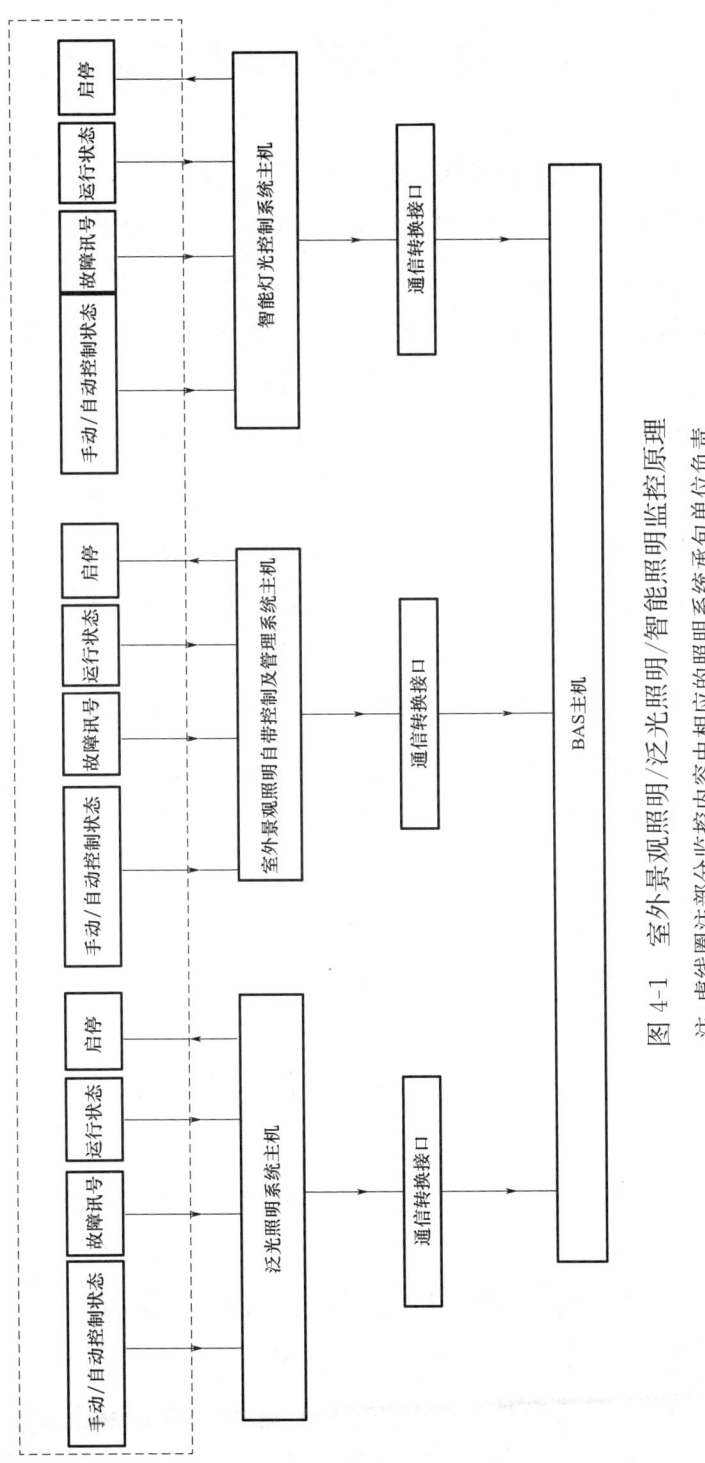

图 4-1 室外景观照明/泛光照明/智能照明监控原理
注：虚线圈注部分监控内容由相应的照明系统承包单位负责

35

4.2 电能管理系统监控原理

当前,各地的项目需要将用电电能数据以分部分项的方式传送给各地市公共能耗监测平台。同时,还需要将总用水数据、用燃气数据也上传到各地市公共能耗监测平台。上传的数据分项各地有不同要求。

对于建设方或物业运营方,可以利用各项目的电力能耗管理系统监控主机引出高阶接口,连接到 BA 主机,实现对用电能耗的监控。如果要实现对各个用户的能耗监控,则需要进一步建立细化的能源计量管理平台,将用户的表具更换为智能表具来实现,也就是俗称的智能抄表系统+能量采集监测系统,该系统可以根据数据进行报表分析、故障派单,具有更强大的终端服务管理能力,具体取决于安装的平台软件算法提供的服务能力。能源计量管理平台通常是为楼宇内进一步细化能耗管理而搭建的系统,也是独立控制的系统,同样可以通过高阶接口将数据上传到 BA 主机。因本书主要讲述 BA 控制,故对抄表及数据采集的能源管理系统仅在此处简要叙述,以区别于市政的电能管理系统。

电能管理系统监控原理如图 4-2 所示。

电能管理监控系统主要功能如表 4-2 所示。

4.3 公共区域照明监控原理

公共区域的照明监控,如不考虑智能照明,仅作电源开关管理即可。如分散控制的方式可采用时间继电器模块进行分回路控制,此时则不必接入 BA 系统;如果采用接触器分回路控制,对于多地多点的控制,建议通过 DDC 的方式纳入 BA 系统。

DDC 内置的控制模块,将时间等逻辑指令发送给各回路的接触器,通过接触器开合实现照明电路的接通与断开。

第4章 电气专业设备及成套系统BA控制原理

对于有调光要求的复杂智能照明系统,其与BA连接的方式见图4-1。
公共区域照明系统监控原理如图4-3所示。

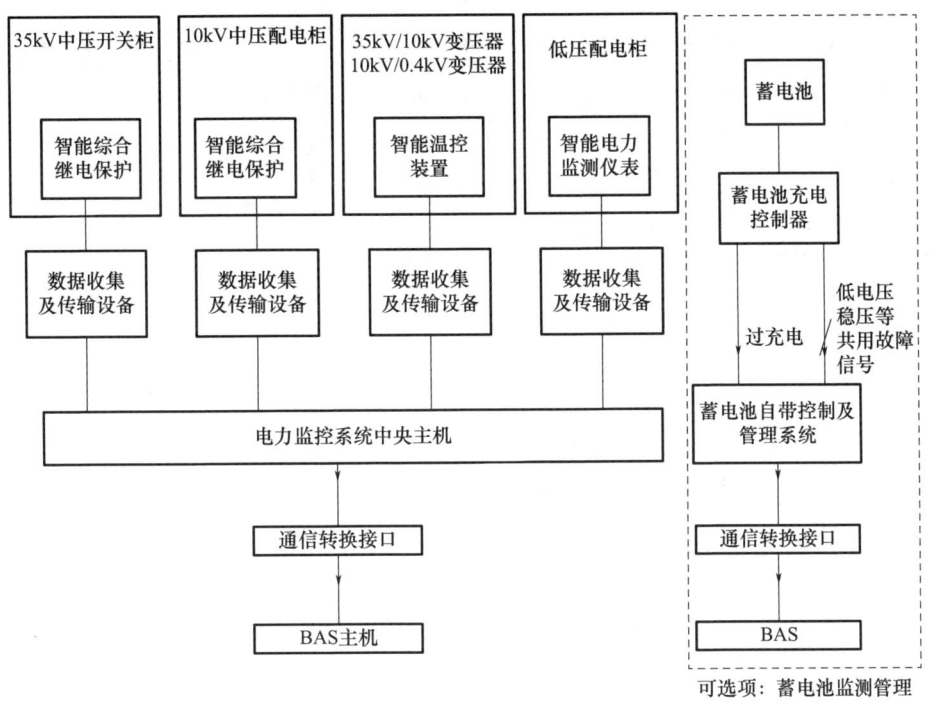

图 4-2 电能管理系统监控原理

表 4-2 电能管理监控系统主要功能

监控项	监控说明
参数检测及报警	变配电系统监测: 低压配电柜的三相电压、三相电流、功率因数、低压干路欠电压、电能测量、频率、断路器之故障状态、运行状态、谐波测量(仅进线柜、电容补偿柜)等电气参数反馈至控制中心; 变压器的温度模拟量信号、超温报警、超高温跳闸、冷却风机启动/故障、外壳开门等信息反馈至控制中心; 35kV/10kV中压开关柜的母线保护继电器之状态、断路器故障报警及运行状态、三相电压、三相电流、功率因数、电能测量、频率反馈至控制中心
	蓄电池监测: 蓄电池充电控制器过充电/稳压、低电压等反馈至控制中心; 事故异常报警、事件记录、统计报表、电能成本管理和负荷监控等电气参数反馈至控制中心

注:对于通过通信接口接入BA的设备或系统,需设备或自成系统的厂家提供国际通用的主流通信接口协议(TCP/IP/BACNET/MODBUS)并开放。

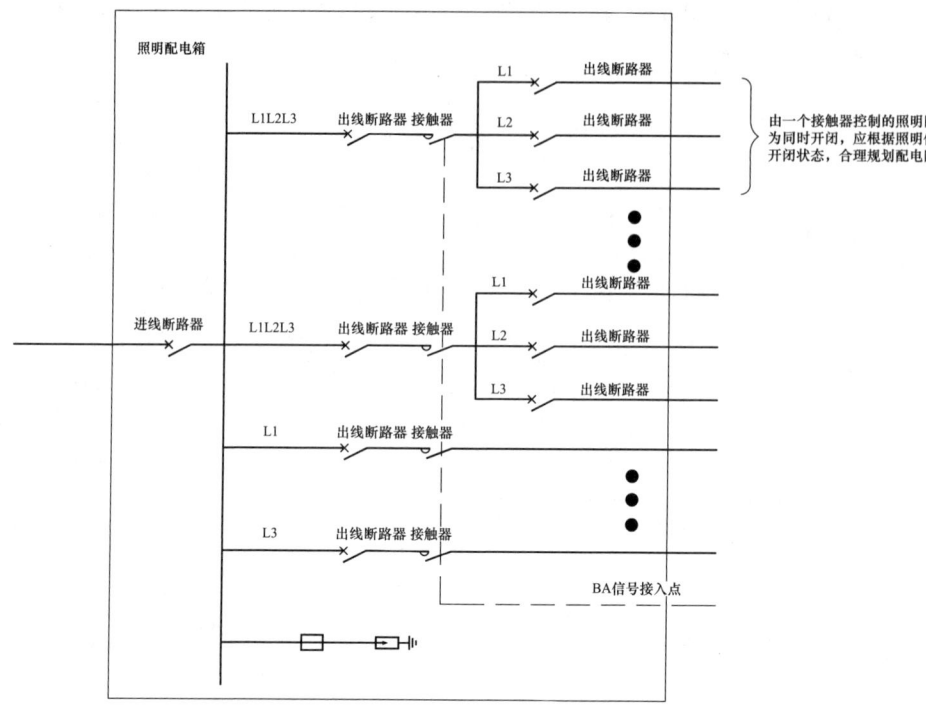

注：1.以上回路数量及配电方式仅为示意，须根据施工图及设计要求详细配置供电回路。
2.具体接线详见BA深化接线详图。

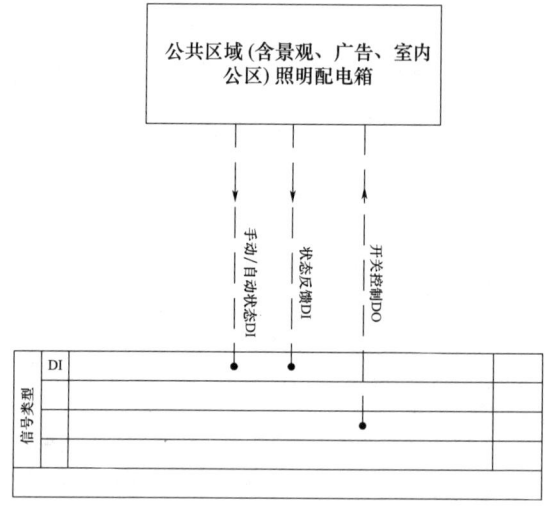

图 4-3 公共区域照明监控原理

第4章　电气专业设备及成套系统 BA 控制原理

公共区域照明监控系统主要功能如表 4-3 所示。

表 4-3　公共区域照明监控系统主要功能

监控项	监控说明	备注说明
参数检测及报警	公共区域照明配电柜的手动/自动控制状态、运行状态反馈至控制中心	
景观、广告、公共区域照明定时	根据事先设定的工作及节假日时间表，定时启停景观、广告、公共区域照明	涉及普通照明与应急照明合用的回路，需考虑接入 BA

注：1. 根据控制逻辑方式，可以考虑多回路共用一个控制点。
　　2. 每个配电柜仅设置一个手动/自动状态点位。
　　3. 景观照明若采用时间模块控制，则不需要接入 BA 系统。

4.4　柴油发电机组监控原理

柴油发电机系统中，主要有柴油发电机、日用油箱、油泵等设备设施。柴油发电机根据外界输入信号控制启停，油泵根据液位计信号自动进行启停。油泵自带控制柜，柴油发电机主机自带控制器，在 BA 的监控系统中，柴油发电机向 BA 主机传输自身运行的状态信号；油箱向 BA 主机传输液位信号，油泵控制柜向 BA 主机传输启停、手动/自动和故障报警信号。

油泵控制柜负责油泵的运行控制，控制柜将信号通过就近的 DDC 控制器传输给 BA 主机；柴油发电机控制柜负责柴油发电机整机运转的控制，同时控制器又作为与 BA 主机通信的"中台"，通过高阶接口与 BA 主机通信。

柴油发电机组系统监控原理如图 4-4 所示。

柴油发电机组监控系统主要功能如表 4-4 所示。

建筑设备控制原理图解

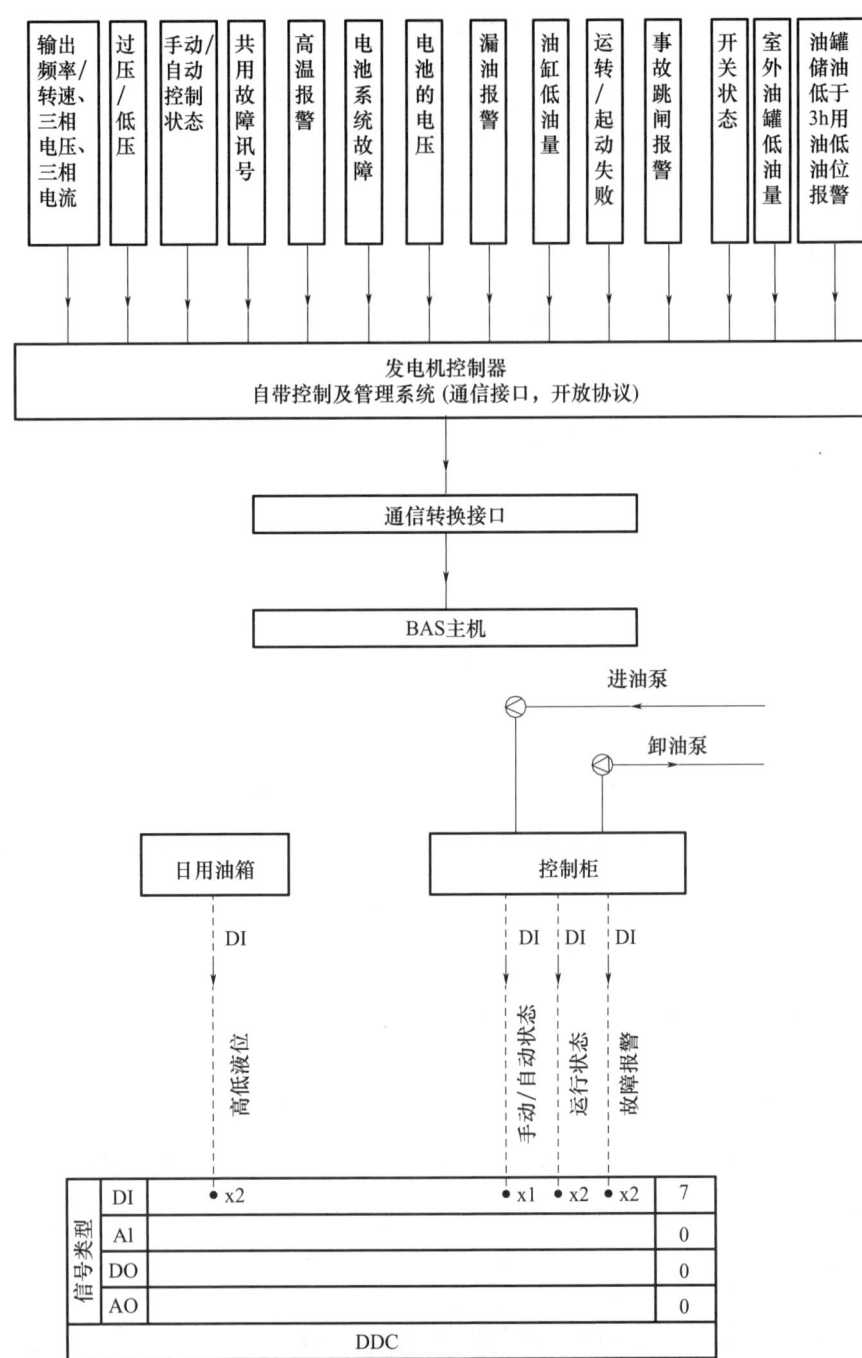

注：当油位处于低位(25%)时，油泵自动启动由地下油罐向燃油箱注油；当油位高于设定位(75%)时，能使油泵自动停止，且油管内柴油排至地下储油罐。当收到事故报警信号时，启动燃油箱排油阀，将燃油箱及油管内的柴油排至地下储油罐；当油箱油位高于溢油管上沿时，可使燃油箱多余的柴油自动流回室外地下储油罐。

图 4-4　柴油发电机组监控原理

表 4-4 柴油发电机组监控系统主要功能

监控项	监控说明
参数检测及报警	发电机组的三相电压、三相电流、输出频率/转速、过压/低压、手动/自动控制状态、共用故障报警、高温报警、电池系统故障、电池的电压、漏油报警、油缸低油量、运转/起动失败、事故跳闸报警、运行状态、室外油罐低油量、油罐储油低于 3h 用油低油位报警反馈至控制中心； 日用油箱的油箱低油量、油位显示反馈至控制中心； 控制柜燃油泵的手动/自动状态、运行状态、故障报警反馈至控制中心

注：对于通过通信接口接入 BA 的设备或系统，需设备或自成系统的厂家提供国际通用的主流通信接口协议（TCP/IP/BACNET/MODBUS）并开放。

4.5 光伏发电监控原理

光伏发电系统，属于自成控制的系统之一，光伏发电控制柜可独立完成对光伏系统的工作控制。需要纳入 BA 系统时，BA 系统对其只监不控，根据监视数据的多寡设置不同的数据通信方式。当仅需要了解系统的故障和运行状态时，只需要将控制箱的信号触点接至就地的 DDC 控制器即可；当需要了解到更多信息，可以通过高阶接口将数据传输给 BA 主机。

光伏发电系统监控原理如图 4-5 所示。

光伏发电监控系统主要功能如表 4-5 所示。

表 4-5 光伏发电监控系统主要功能

监控项	监控说明	备注说明
参数检测及报警	监控方式一：光伏发电系统的运行状态、故障报警等信息反馈至控制中心	
	监控方式二：光伏发电主要动力设备的运行状态、故障报警等信息反馈至控制中心	具体监控点位与系统厂家沟通确定

注：对于通过通信接口接入 BA 的设备或系统，需设备或自成系统的厂家提供国际通用的主流通信接口协议（TCP/IP/BACNET/MODBUS）并开放。

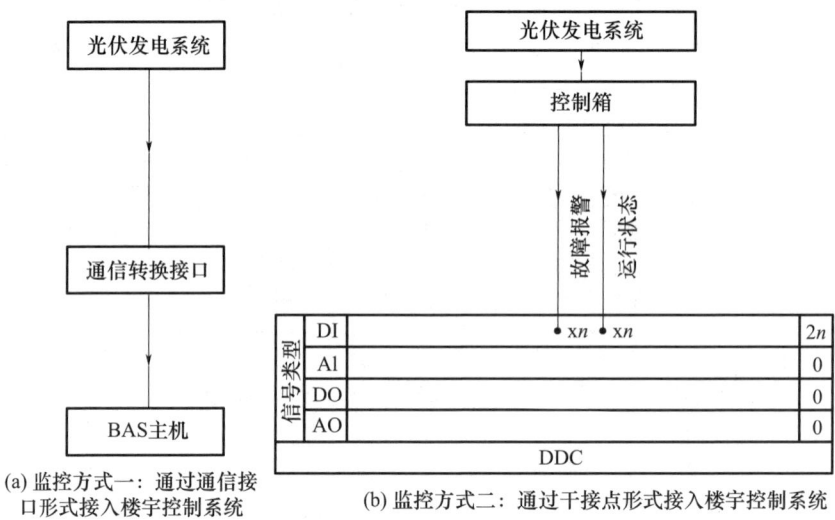

图 4-5 光伏发电监控原理

4.6 UPS 主机及蓄电池监控原理

UPS 主机及蓄电池监控系统采用自成控制系统，因通常需要监视的数据较多，故其控制器向 BA 主机传输的信号一般合并为一个高阶接口的方式。

UPS 主机及蓄电池系统监控原理如图 4-6 所示。

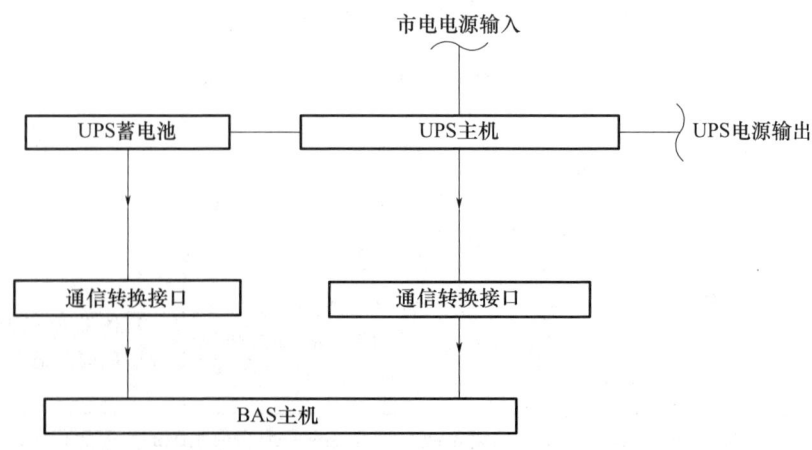

图 4-6 UPS 主机及蓄电池系统监控原理

第 4 章 电气专业设备及成套系统 BA 控制原理

UPS 主机及蓄电池监控系统主要功能如表 4-6 所示。

表 4-6 UPS 主机及蓄电池监控系统主要功能

监控项	监控说明
参数检测及报警	UPS 主机监测： 市电异常、直流输入异常、故障报警等信息反馈至控制中心
	蓄电池监测： 电压、故障报警等信息反馈至控制中心

注：对于通过通信接口接入 BA 的设备或系统，需设备或自成系统的厂家提供国际通用的主流通信接口协议（TCP/IP/BACNET/MODBUS）并开放。

4.7 电梯及自动扶梯监控原理

无论是垂直电梯还是手扶电梯，其控制系统都涉及安全问题，故其控制主机采用出厂自带的自成环路的控制设备。对于住宅等项目，电梯的控制主机不需要再向远程监控系统传输数据，仅在各自电梯机房内，控制各自的电梯。但对于公共建筑项目，电梯一般在中央控制室内设有远程监控系统，如需要纳入 BA，一般将部分数据通过高阶接口输送给 BA 主机，但 BA 主机不允许对电梯系统进行任何操控。而且，允许将哪部分数据提供给远程监控系统及 BA 主机，也要视不同的电梯品牌而定。

电梯及自动扶梯系统监控原理如图 4-7 所示。

电梯及自动扶梯监控系统主要功能如表 4-7 所示。

表 4-7 电梯及自动扶梯监控系统主要功能

监控项	监控说明
参数检测及报警	电梯和自动扶梯的运行状态、故障状态、上下行状态、位置信息反馈至控制中心

注：对于通过通信接口接入 BA 的设备或系统，需设备或自成系统的厂家提供国际通用的主流通信接口协议（TCP/IP/BACNET/MODBUS）并开放。

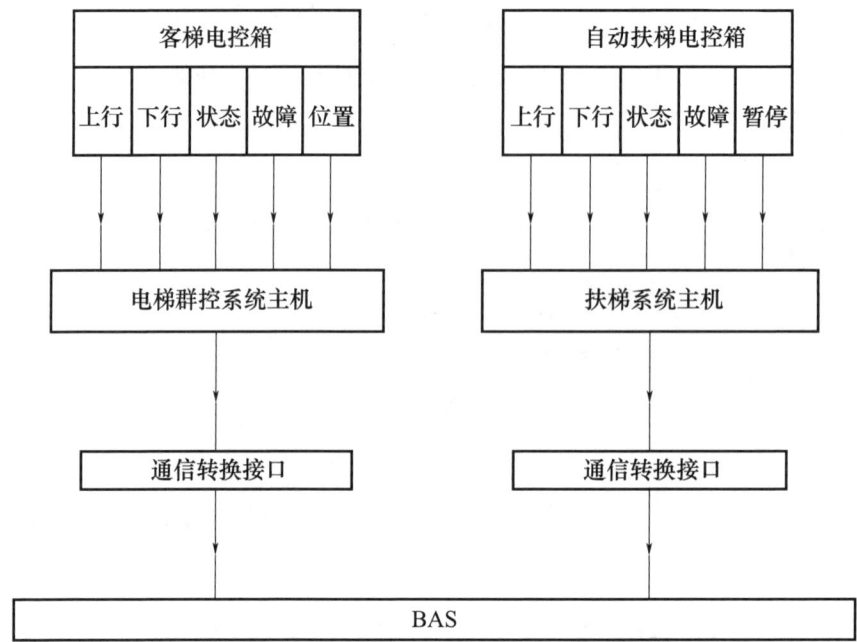

图 4-7　电梯及自动扶梯监控原理

第5章 给排水专业设备及成套系统 BA控制原理

给排水专业设备及成套系统BA控制包括给水泵监控、变频水泵监控、生活水箱监控、减压阀监控、集水井监控、隔油池监控、雨水/中水监控、太阳能热水监控。

民用建筑中，上述各给排水的控制系统除水箱、阀门的监控外，基本都属于成套设备/系统的监控。这些设备/系统控制上独立成环，可以通过控制柜实现就地控制。链接入BA，主要是便于通过BA主机来监视控制柜及相应系统/设备的运行状态。

当然必须说明的是，对于就地控制的给排水成套设备和系统，不设置楼宇自控并不影响其工作，只是有了楼宇自控系统，更方便了解各系统的运行和故障，便于及时排查。

对于智能一体化成品隔油提升设备，一般控制柜只需要连接一个故障报警干接点即可。对于水泵、集水井等监控，基本基于泵组运行状态、手动/自动状态故障报警等设定，个别也有监控电源的要求，具体详见下述各监控原理图。

对于减压阀的监控只需要监视阀后压力即可；对于生活水箱监视高低液位报警，对于物业要求较高的水箱间可以增加设置漏水自动报警装置。

对于太阳能热水、雨水/中水回收系统，需要纳入BA系统时，BA系统对其只监不控，根据需求监视数据的多寡设置不同的数据通信方式。当仅需要了解系统的故障和运行状态时，只需要将控制箱的信号触点接至就地的DDC控制器即可；当需要了解更多信息，可以通过高阶接口采用 RS485 等通信方式将数据传输给 BA 主机。

5.1 给水泵监控原理

给水泵监控原理如图 5-1 所示。

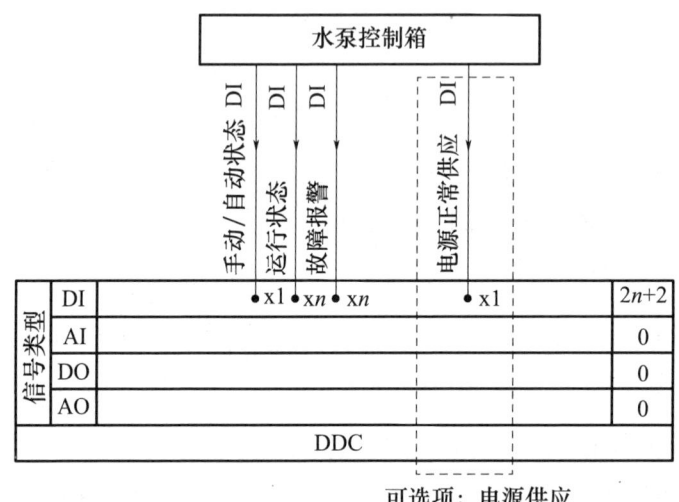

图 5-1 给水泵监控原理

给水泵监控系统主要功能如表 5-1 所示。

表 5-1 给水泵监控系统主要功能

监控项	监控说明
参数检测及报警	定频水泵的运行状态、手动/自动状态、电源供应反馈至控制中心

注：1. 以上定频水泵控制原理为通用要求，包括给水泵、排水泵等各类水泵。
　　2. 水泵控制箱的手动/自动状态数量，具体参照水泵电气控制设备情况而定。

5.2 变频水泵监控原理

变频水泵监控原理如图 5-2 所示。

第5章 给排水专业设备及成套系统BA控制原理

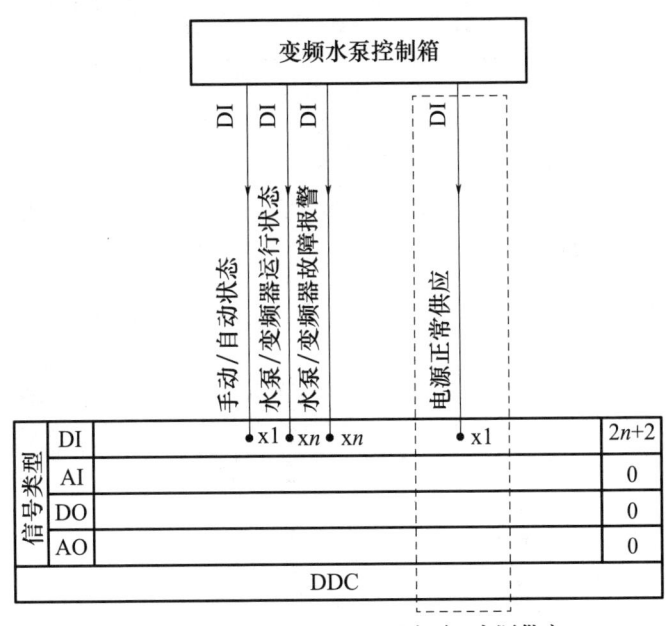

图 5-2 变频水泵监控原理

变频水泵监控系统主要功能如表 5-2 所示。

表 5-2 变频水泵监控系统主要功能

监控项	监控说明
参数检测及报警	变频水泵的运行状态、手动/自动状态、电源供应反馈至控制中心

注：1. 设置原则：需要将变频器与水泵相关信号接入BA，一般情况下基于变频器与相应的水泵处于同一回路，通常变频器与水泵的运行状态与故障报警信息是通用的，在接入BA时，仅接入水泵或变频器的运行状态与故障报警信号即可；若变频水泵的控制回路无法满足以上设置原则，需分别考虑变频器与水泵相关信号接入BA。
2. 变频泵出入口处设置压力传感器连接到变频控制器上，通过压力值调节变频器频率，实现变频控制。
3. 水泵控制箱的手动/自动状态数量，具体参照水泵电气控制设备情况而定。

5.3 生活水箱监控原理

生活水箱系统监控原理如图 5-3 所示。

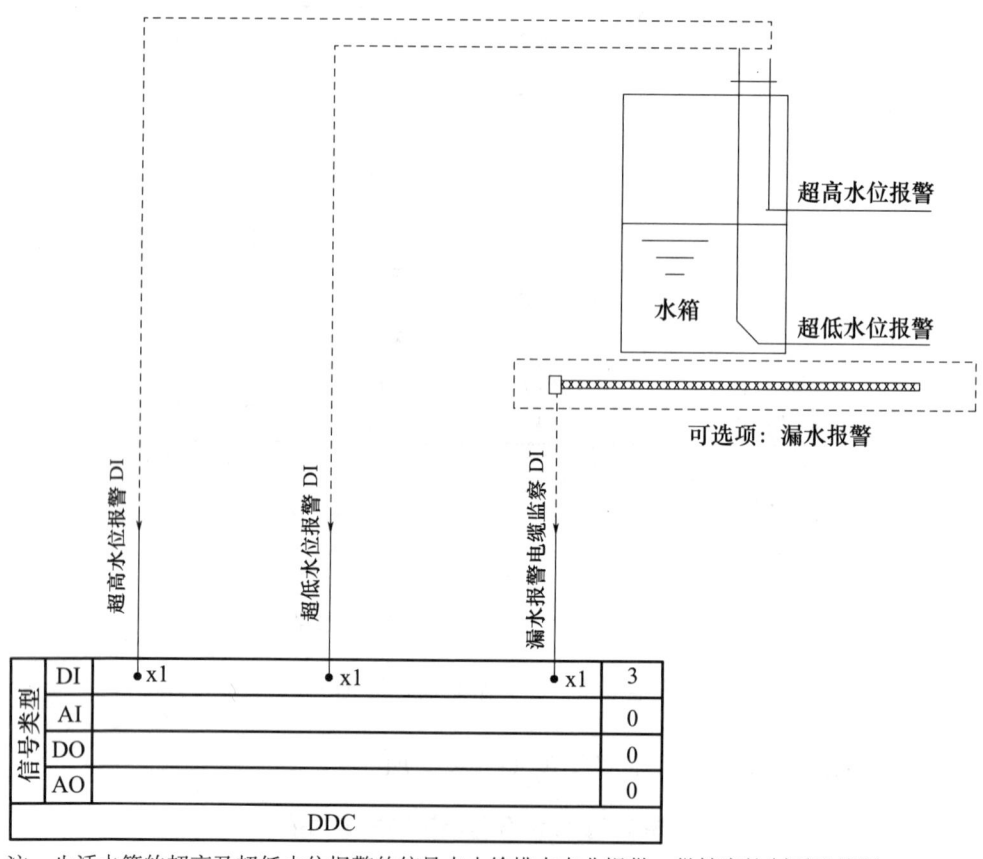

注：生活水箱的超高及超低水位报警的信号点由给排水专业提供，供楼宇控制系统接驳。

图 5-3 生活水箱监控原理

生活水箱监控系统主要功能如表 5-3 所示。

表 5-3 生活水箱监控系统主要功能

监控项	监控说明
参数检测及报警	水箱的超高水位报警、超低水位报警、漏水报警反馈至控制中心

注：1. 水箱的超高水位报警、超低水位报警的信号点由给排水专业提供，供楼宇控制系统接驳。
2. 漏水侦测绳沿水箱基础围绕一圈设置。

5.4 减压阀监控原理

减压阀监控原理如图 5-4 所示。

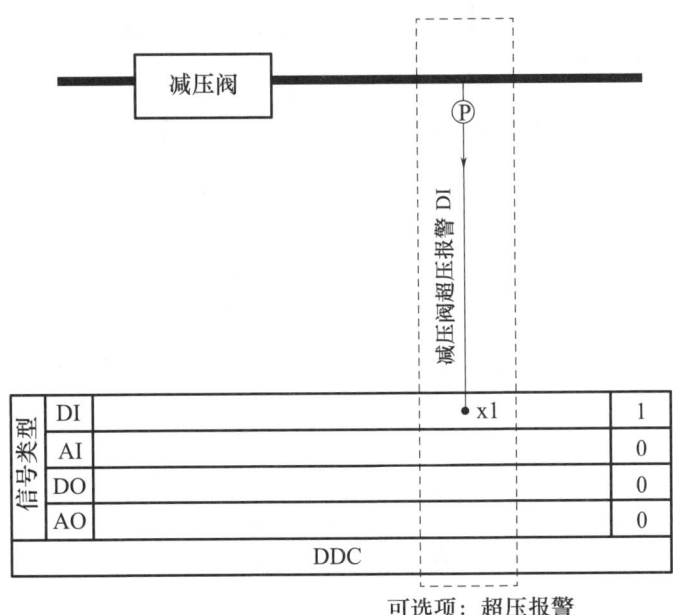

图 5-4 减压阀监控原理

减压阀监控系统主要功能如表 5-4 所示。

表 5-4 减压阀监控系统主要功能

监控项	监控说明	备注说明
参数检测及报警	减压阀的超压警报反馈至控制中心	压力传感器设置于减压阀下游管道

注：以上减压阀主要针对于考虑管上设置压力传感器接入 BA，直管不支持。

5.5 集水井监控原理

集水井监控原理如图 5-5 所示。

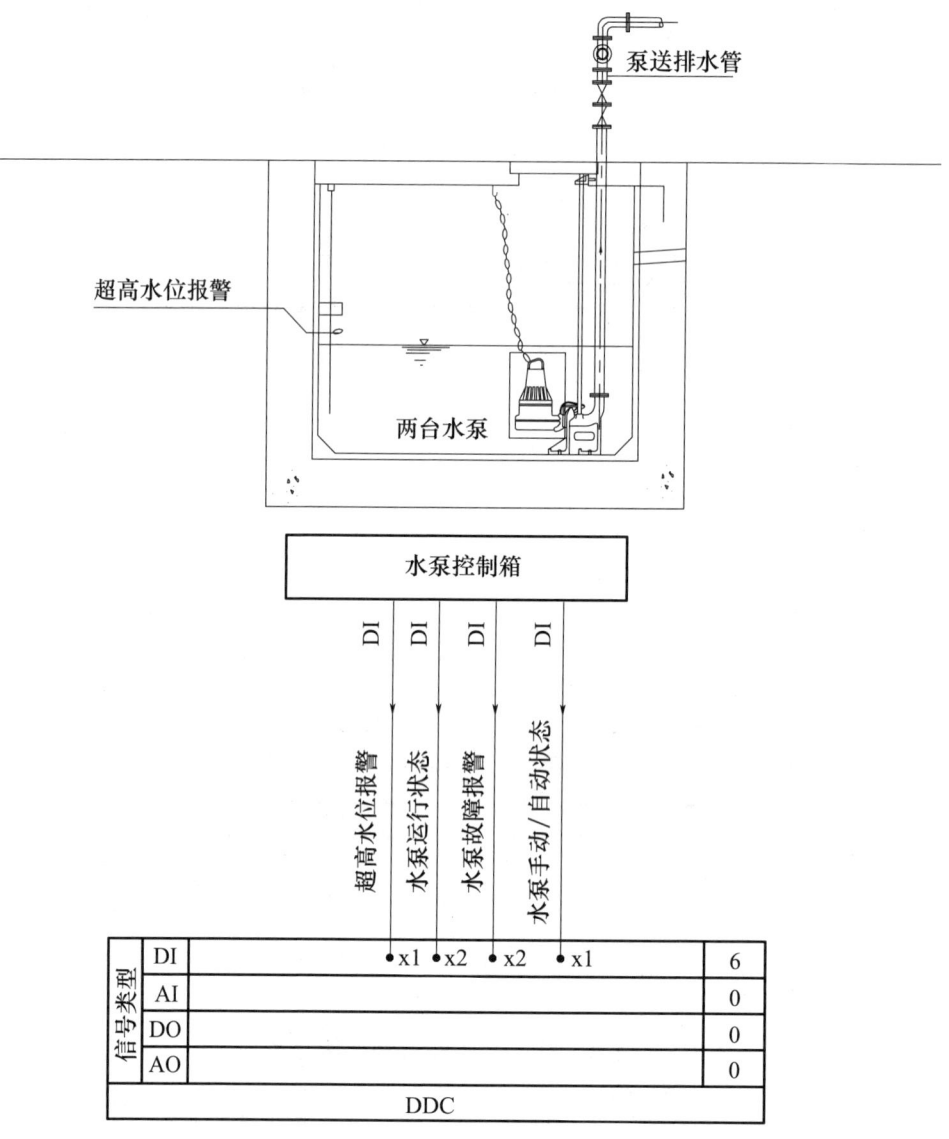

图 5-5 集水井监控原理

集水井监控系统主要功能如表 5-5 所示。

表 5-5 集水井监控系统主要功能

监控项	监控说明	备注说明
参数检测及报警	集水井的超高水位报警、水泵运行状态、水泵故障报警、水泵手动/自动状态反馈至控制中心	

注：1. 水泵控制箱的手动/自动状态数量，具体参照水泵电气控制设备情况而定。
　　2. 集水井的超高水位报警的信号点由给排水专业提供，供楼宇控制系统接驳。

5.6 隔油池监控原理

隔油池监控原理如图 5-6 所示。

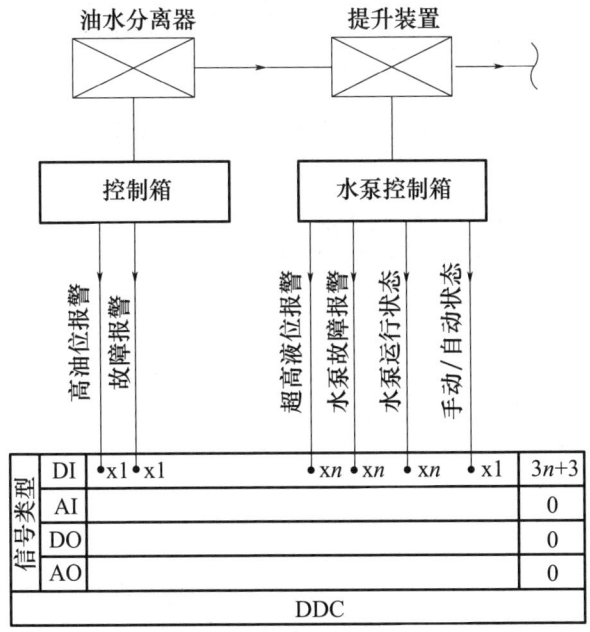

(a) 监控方式一：分体式隔油提升装置

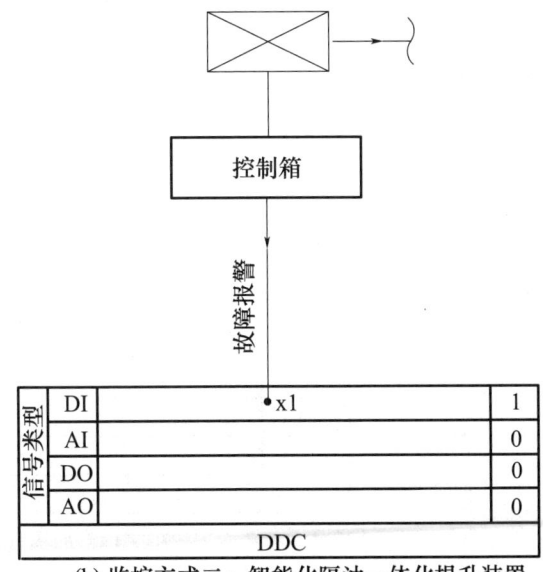

(b) 监控方式二：智能化隔油一体化提升装置

图 5-6　隔油池监控原理

隔油池监控系统主要功能如表5-6所示。

表5-6 隔油池监控系统主要功能

监控项	监控说明	备注说明
参数检测及报警	监控方式一：油水分离器高油位报警、故障报警 提升装置超高液位报警、水泵运行状态、水泵故障报警、水泵手动/自动状态反馈至控制中心	
	监控方式二：一体化提升装置故障报警信号反馈至控制中心	具体监控点位与厂家沟通确定

注：1. 水泵控制箱的手动/自动状态数量，具体参照水泵电气控制设备情况而定。
2. 提升装置的超高液位报警的信号点由给排水专业提供，供楼宇控制系统接驳。
3. 智能化隔油一体化提升装置目前产品仅能提供故障报警点信号供楼宇控制接驳。

5.7 雨水、中水监控原理

雨水、中水系统监控原理如图5-7所示。

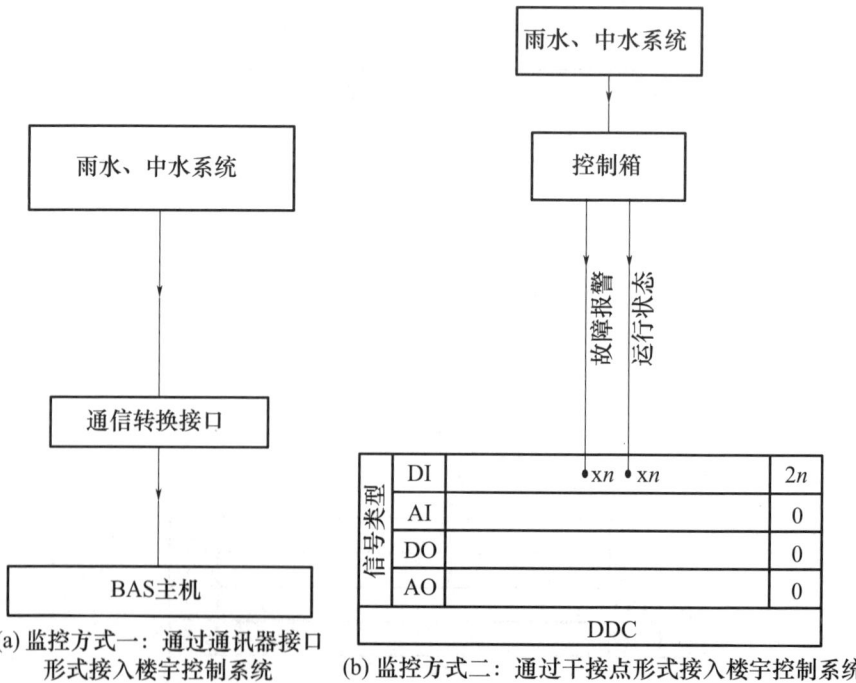

图5-7 雨水、中水系统监控原理

雨水、中水监控系统主要功能如表 5-7 所示。

表 5-7 雨水、中水监控系统主要功能

监控项	监控说明	备注说明
参数检测及报警	监控方式一：雨水、中水系统的运行状态，故障警报等信息反馈至控制中心	
	监控方式二：雨水、中水主要动力设备的运行状态、故障警报等信息反馈至控制中心	具体监控点位与厂家沟通确定

注：对于通过通信接口接入 BA 的设备或系统，需设备或自成系统的厂家提供国际通用的主流通信接口协议（TCP/IP/BACNET/MODBUS）并开放。

5.8 太阳能监控原理

太阳能监控原理如图 5-8 所示。

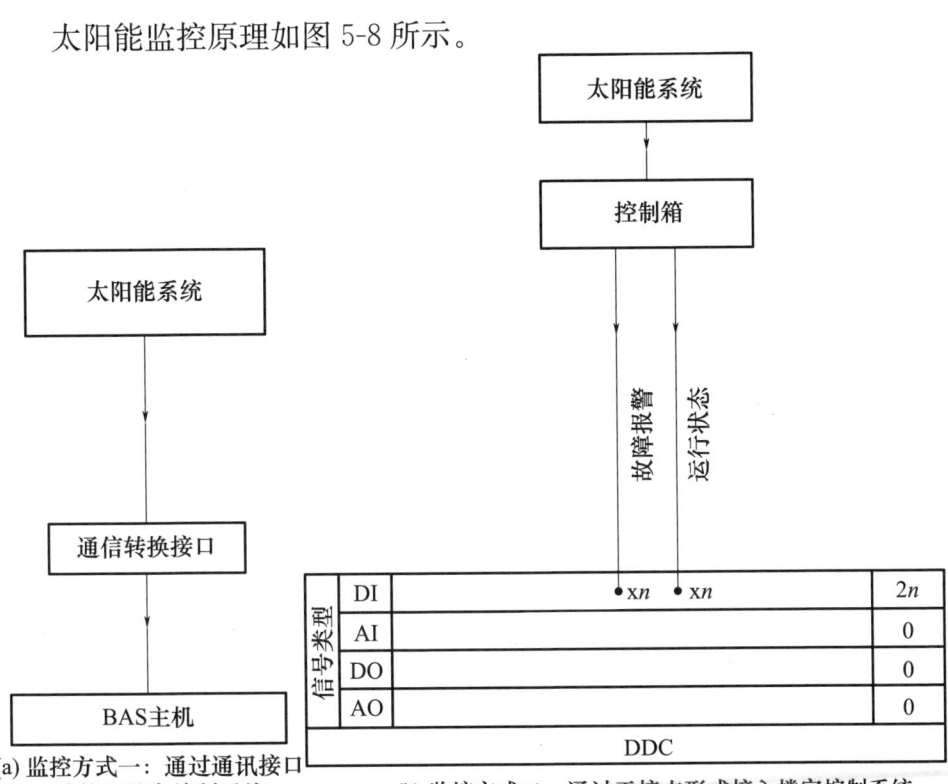

图 5-8 太阳能系统监控原理

太阳能监控系统主要功能如表 5-8 所示。

表 5-8 太阳能监控系统主要功能

监控项	监控说明	备注说明
参数检测及报警	监控方式一：太阳能系统的运行状态、故障警报、水箱温度、太阳能板温度等信息反馈至控制中心	
	监控方式二：太阳能主要动力设备的运行状态、故障警报等信息反馈至控制中心	具体监控点位与厂家沟通确定

注：对于通过通信接口接入 BA 的设备或系统，需设备或自成系统的厂家提供国际通用的主流通信接口协议（TCP/IP/BACNET/MODBUS）并开放。

第6章 暖通专业设备及成套系统BA控制原理

暖通专业设备及成套系统BA控制包括：送排风系统监控，车库排风系统监控，变电所排风系统监控，高压微雾加湿系统监控，游泳池除湿热泵系统监控，诱导风机监控，多用户排油烟风机监控，新风转轮热回收空调机组监控，空调箱监控，新风空调箱监控，变风量（VAV）系统定静压法监控，变风量（VAV）系统变定静压监控，变风量（VAV）系统变静压法监控，变风量（VAV）系统总风量法监控，风机动力型变风量末端（FPB）监控，单风道变风量末端（VAV BOX）监控，公共区域风机盘管监控，换热机房监控，一级泵定频、冬季"免费供冷"冷源系统监控，一级泵变频、冬季"免费供冷"冷源系统监控，二级泵变频、冬季"免费供冷"冷源系统监控，内融冰盘管式冰蓄冷主机上游串联系统监控，锅炉系统监控，空气源热泵系统监控，空调水-水换热机组监控。

暖通空调系统因系统复杂，控制点位较多，且除了成套供应的设备和大型复杂的主机房控制群控系统外，其控制一般都是由就地的DDC模块来实现。

正是因为暖通空调控制系统的这一特性，故大多数建筑是否设置楼宇自控也经常视暖通空调系统的复杂程度而定。

除规范要求外，如果空调系统未采用中央空调系统，且楼宇自动化程度没有特殊要求，往往不必设置BA系统；而通常设置了中央空调系统，则建议设置BA系统。当然也可以采用就地DDC控制器结合成套供应的设备控制柜对中央空调系统进行控制，但这种控制方式除了小型建筑外，不建议采用。

在中央空调系统的控制中，随设备成套供应的自带控制柜的设备或设施通常有：定频水泵、变频水泵、定压补水设备、锅炉、冷水机组、一体式智能换热站、高压微雾加湿器、泳池热泵系统等。这些成套供应的控制柜，一般对于不需要详细了解参数的设备或系统来说，只需要输出 AI/AO/DI/DO 几个数据接口，甚至仅需要输出故障报警一个干接点即可。但对于较为复杂的设备，其参数则需要通过专用的通信接口传输给 BA 主机，供其集中监视。

对于空调箱、新风机组，其控制系统的主要工作目标是根据传感器的信号将空气的温度、湿度和其他控制参数调控到预定的范围值内，以便维持舒适度。这些通信和指令都是通过就地的 DDC 下达的指令。对于拥有众多数量空调箱、新风机组的楼宇，如何集中又可随时调整计划地命令这些新风机组、空调箱投入运行，最佳的手段就是通过 BA 主机来控制启停。BA 主机与各 DDC 控制器之间的通信可以通过 RS485 总线方式架构。

对于主机房，如制冷机房和锅炉房，则通常要求各自在冷热水制取上实现独立成环控制。因系统的复杂程度较高，而且又期望能够在平稳运行的条件下实现节能运行，采用模块式控制已难以满足要求，故采用可编程的控制方式为主，即 PLC 控制器。PLC 控制器与 BA 主机之间再以高阶接口相联通信。

这里必须指出，民用建筑的控制设备远没有那么精密，所以在控制手段上，往往也采用近似的手段来调节。比如可变新风比，工程上通常采用的手法是回风阀开度＋新风阀开度之和为 100%。但是，新风阀所在管路阻力与回风所在的管路阻力不可能一致，阀门的开度与阻力之间的特性曲线也不可能完全一致，故阀门开度在各自管路中的权度也就不可能相同，那么即使二者的开度之和不变，其实总风量也变化了。虽然可以有更佳手段来调控，但因为造价较高且没有这种方式便利，也就沿用开来。

各个系统的初始调试值和运行建议值，都属于调试和运行过程中的重要数据，本书中，作者们也一直尝试利用浅薄的经验给出可供借鉴的部分数据。详细的内容见各系统的控制原理图及控制功能表。

第6章 暖通专业设备及成套系统BA控制原理

6.1 BAS原理图图例

BAS原理图图例如图6-1所示。

符号	说明
CS	空调冷供水管
CR	空调冷回水管
HS	空调热供水管
HR	空调热回水管
CHS	空调冷、热水供水管
CHR	空调冷、热水回水管
CTS	冷却水供水管
CTR	冷却水回水管
CN	空调冷凝水管
RG	供暖供水管
RH	供暖回水管
GCS	乙二醇供液管
GCR	乙二醇回液管
ICS	冰水供水管
ICR	冰水回水管
E	膨胀水管
D	排水管
MU	补水管
V	放气管
SV	安全管
S	蒸汽管
SC	蒸汽凝结水管
R	冷媒管
	向上弯头
	向下弯头
	法兰封头或管封
	上出三通
	下出三通
	活接头或法兰连接
	固定支架
	导向支架
	金属软管
	金属软接头
	橡胶软接头
	Y型过滤器
	直通型/反冲型除污器
	疏水器
STS	疏水阀组
PRV	减压阀组
	膨胀补偿器
	压力表
	温度计
	水泵
	电子除垢仪

符号	说明
	截止阀
	闸阀
	球阀
	柱塞阀
	快开阀
	蝶阀
	静态平衡阀
	定流量阀
	定压差阀
	旋塞阀
	减压阀
	止回阀
	调节止回关断阀
	电磁阀
	电动双位碟阀
	电动调节碟阀
	电动两通阀
	电动调节阀
	电动三通调节阀
	动态平衡电动调节阀
	动态平衡电动两通阀
	安全阀
	角阀
	浮球阀
	自动排气阀
	放气阀
	放空管
F.M	流量计
E.M	能量计
F.M	正、反向流量计
F	流量传感器
T	温度传感器
H	湿度传感器
P	压力传感器
S	烟感器
FS	流量开关
ΔP	压差传感器
C	控制器
	吸顶式温度感应器

设备代号	设备名称	设备代号	设备名称
CH	冷水机组	B	锅炉
ASCH	空气源冷水机组	CT	冷却水塔
ASHP	空气源冷热水机组	HE	热交换器
WSHP	水源冷热水机组	PHE	板式热交换器
SACH	蒸汽型溴化锂冷水机组	P	水泵
DFCH	直燃型溴化锂冷水机组	CP	冷水泵
WCHP	水环热泵	HP	热水泵
CRAC	恒温恒湿机组	CHP	冷热水泵
SAC	分体式空调器	CTP	冷却水泵
SACN	多联机室内机	GLP	乙二醇泵
SACW	多联机室外机	FOP	燃油泵
HEU	热交换机组	DEA	除氧器
AHU	空调箱	WS	软化水器
FAU	新风空调箱	WT	水箱
ERU	能量回收拌风箱	ET	膨胀水箱
FCU	风机盘管	ECT	低位膨胀水罐
VAV	变风量空调末端设备	WST	软化水箱
FPB	带风机变风量末端设备	OT	油箱
SF	送风机	DOT	日用油箱
SSF	消防补风机	WTR	除垢仪
SPF	楼梯间加压送风机	CWR	加药罐
VPF	前室加压送风机	HU	加湿器
RF	回风机	LHU	油烟处理装置
EF	排风机	ITSU	蓄冰装置
SEF	排烟机	BDA	拌污扩容器
KEF	厨房排烟风机	CTSF	冷却水沙过滤器
ATT	消声设备	ATCM	冷机组自动管路清洗系统
UFU	地板送风末端装置		

图6-1 BAS原理图图例

扫码看图6-1

6.2 送排风系统监控原理

送排风系统监控原理如图 6-2 所示。

扫码看图 6-2

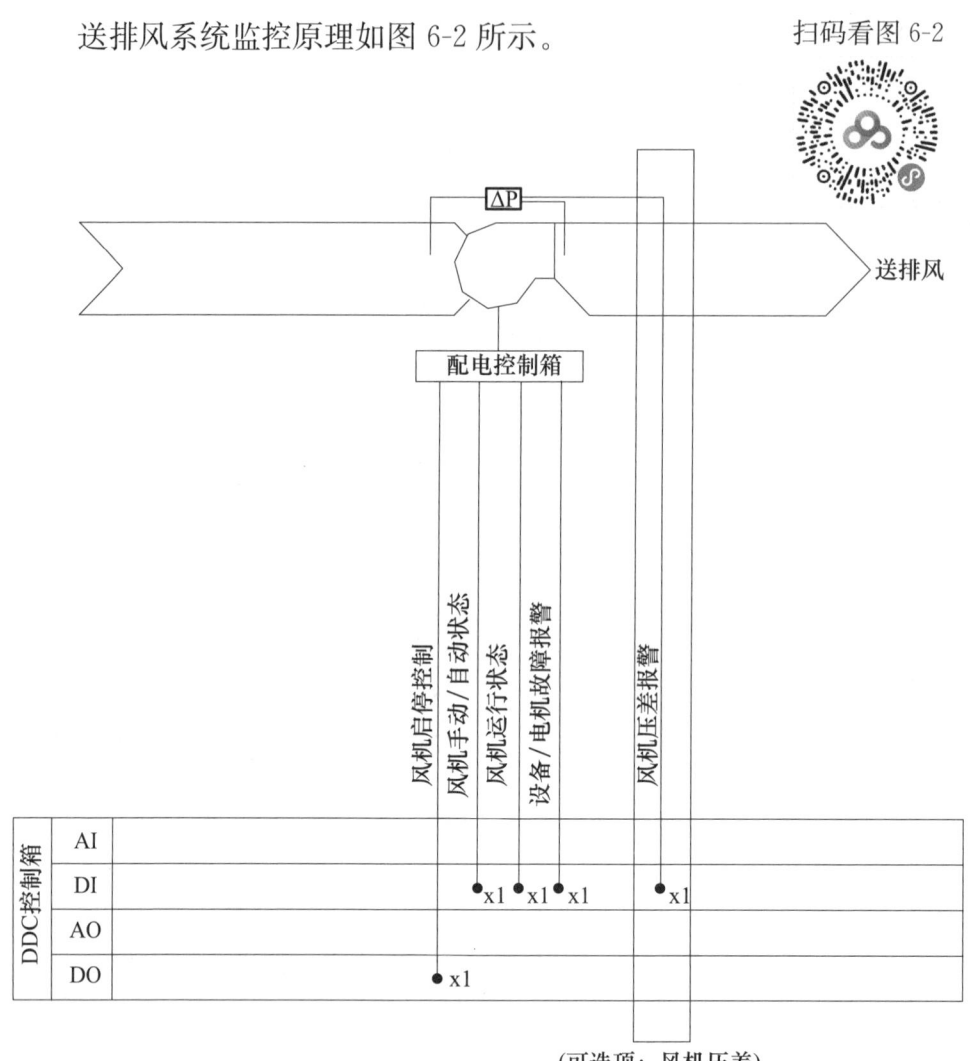

图 6-2 送排风系统监控原理

送排风监控系统主要功能如表 6-1 所示。

表 6-1 送排风监控系统主要功能

序号	监控项	监控说明	备注说明
1	参数检测及报警	风机的运行状态、故障报警、转换开关的手动/自动状态反馈至控制中心	
		自动统计机组工作时间,提示定时维修	
2	排风机定时启停控制	根据事先设定的工作及节假日时间表,定时启停排风机	
3	风机压差检测	通过对比风机前后压差来判定风机状态	直联风机不适用

6.3 车库排风系统监控原理

车库排风系统监控原理如图 6-3 所示。

扫码看图6-3

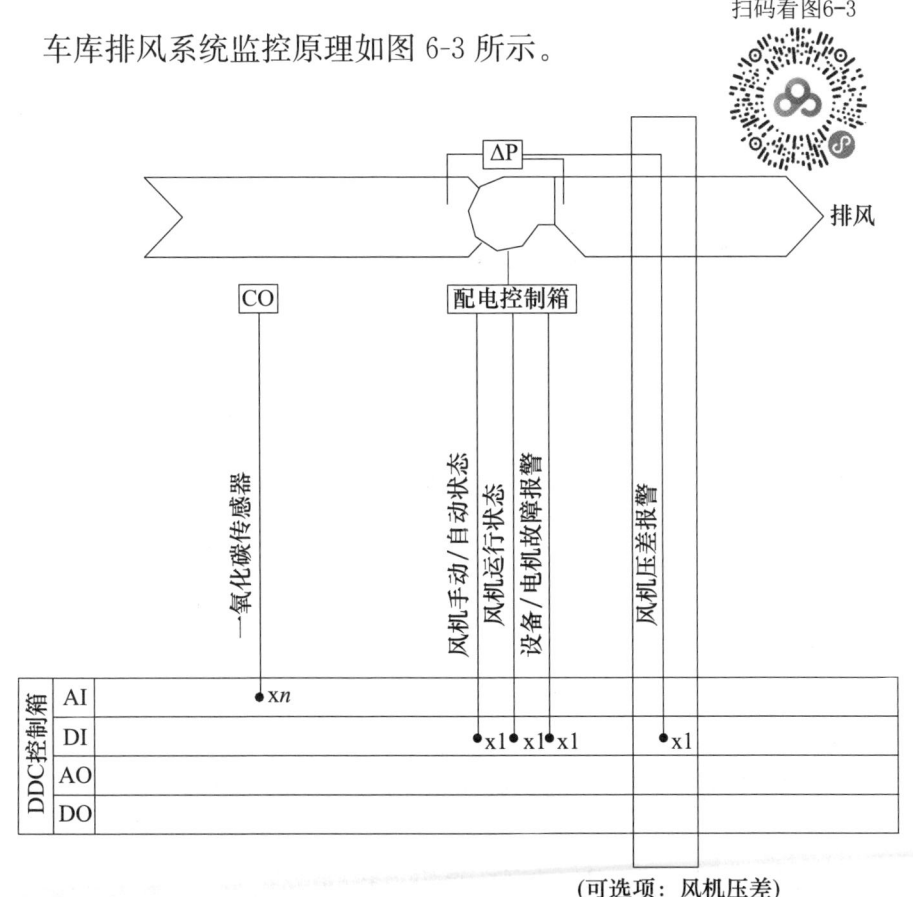

图 6-3 车库排风系统监控原理

车库排风监控系统主要功能如表 6-2 所示。

表 6-2 车库排风监控系统主要功能

序号	监控项	监控说明	备注说明
1	参数检测及报警	风机的运行状态、故障报警、转换开关的手动/自动状态、一氧化碳反馈至控制中心	
		自动统计机组工作时间，提示定时维修。车库至少每个防烟分区设置一个 CO 传感器，常规按照每 1000m^2 设置一个 CO 传感器	按照每 1000m^2 设置一个 CO 传感器，至少每个防烟分区设置一个 CO 传感器
2	一氧化碳控制	CO 超限值（30mg/m^3）即启动该区域的送排风机，当浓度下降到 25mg/m^3，关闭送排风机	
3	风机压差检测	通过对比风机前后压差来判定风机状态	直联风机不适用

6.4 变电所排风系统监控原理

变电所排风系统监控原理如图 6-4 所示。变电所排风监控系统主要功能如表 6-3 所示。

表 6-3 变电所排风监控系统主要功能

序号	监控项	监控说明	备注说明
1	参数检测及报警	风机的运行状态、故障报警、转换开关的手动/自动状态、温度反馈至控制中心	
		自动统计机组工作时间，提示定时维修	
2	温度控制	变电所内设温度探头，室内温度高于 40℃，排风机开启进行散热，当温度下降到 32℃关闭排风机	
3	风机压差检测	通过对比风机前后压差来判定风机状态	直联风机不适用

第6章 暖通专业设备及成套系统 BA 控制原理

扫码看图6-4

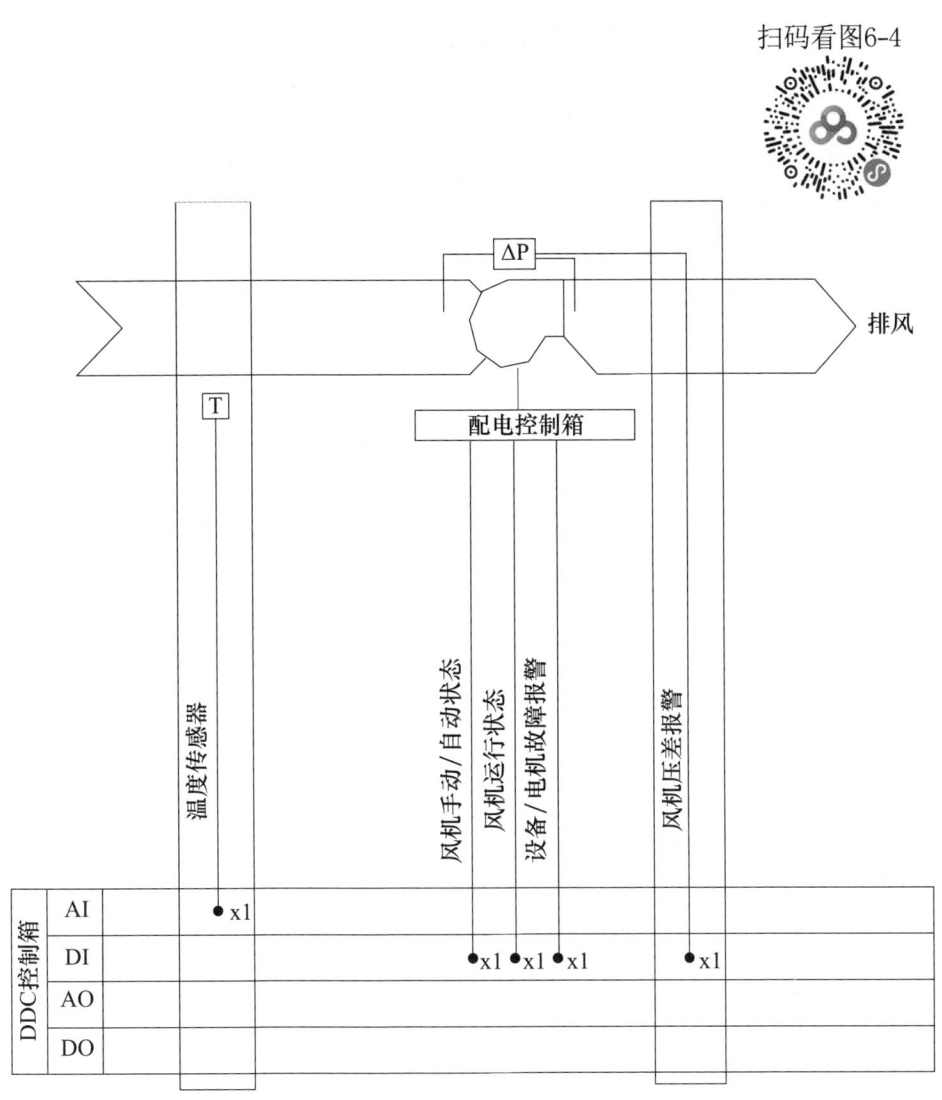

图 6-4 变电所排风系统监控原理

6.5 高压微雾加湿系统监控原理

高压微雾加湿系统监控原理如图 6-5 所示。高压微雾加湿监控系统主要功能如表 6-4 所示。

扫码看图 6-5

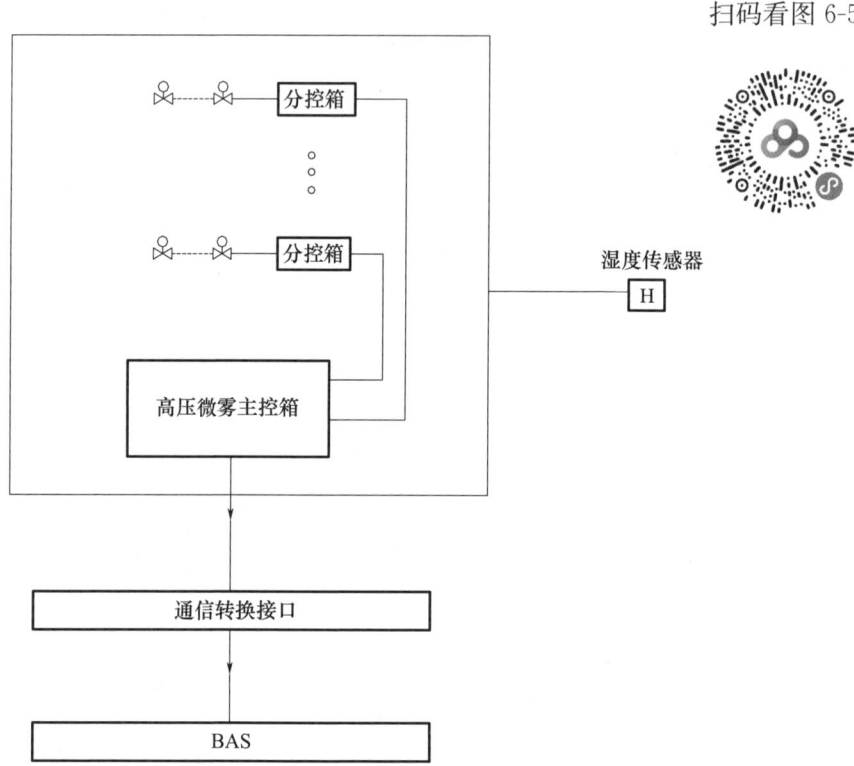

图 6-5 高压微雾加湿系统监控原理

表 6-4 高压微雾加湿监控系统主要功能

监控项	监控说明
参数检测及报警	高压微雾手动/自动状态、运行状态、故障报警、湿度反馈等

6.6 游泳池除湿热泵系统监控原理

游泳池除湿热泵系统监控原理如图 6-6 所示。游泳池除湿热泵监控系统主要功能如表 6-5 所示。

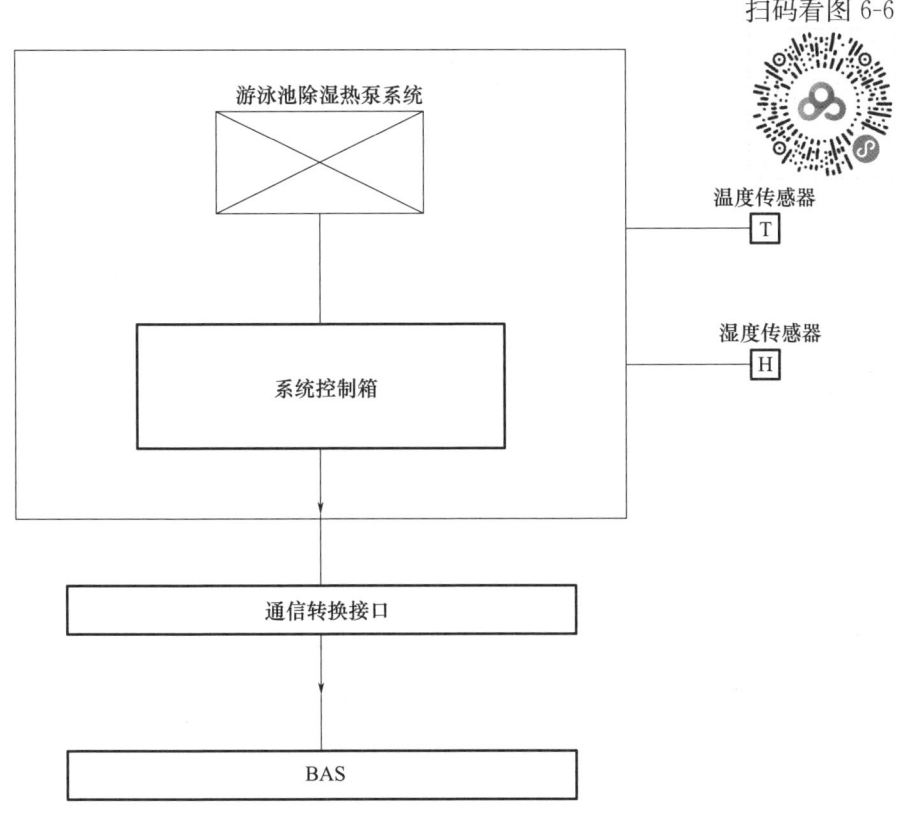

图 6-6 游泳池除湿热泵系统监控原理

表 6-5 游泳池除湿热泵监控系统主要功能

监控项	监控说明
参数检测及报警	游泳池热泵机组手动/自动状态、运行状态、故障报警、室内温湿度等

6.7 诱导风机监控原理

诱导风机监控原理如图 6-7 所示。诱导风机监控系统主要功能如表 6-6 所示。

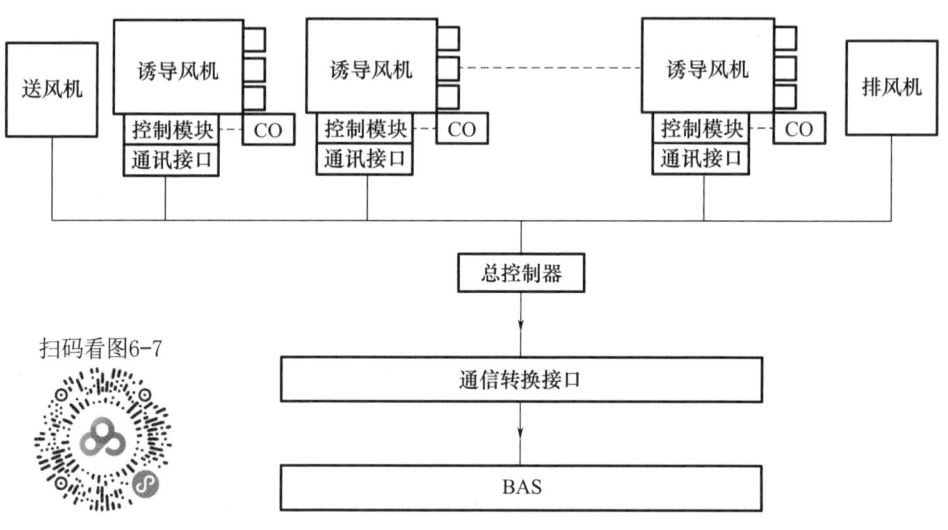

图 6-7 诱导风机监控原理

表 6-6 诱导风机监控系统主要功能

序号	监控项	监控说明	备注说明
1	参数检测及报警	CO 浓度，诱导风机手动/自动状态、运行状态、故障报警，送排风机手动/自动状态、运行状态、故障报警等	
2	一氧化碳控制	控制方式一：CO 超限值（30mg/m³）即启动该诱导风机，一般运行 3min，关闭该诱导风机，如 CO 浓度仍超限值，则启动该区域的诱导风机，以及该区域对应的送排风机，一般运行 15min 或者当浓度下降到 25mg/m³（或者室外 CO 浓度值），关闭诱导风机和送排风机	按照每个控制模块设置一个 CO 传感器，至少每个防烟分区设置一个 CO 传感器
		控制方式二：CO 超限值（30mg/m³）即启动该区域诱导风机，以及该区域对应的送排风机，运行 15min 或者当浓度下降到 25mg/m³（或者室外 CO 浓度值），关闭诱导风机和送排风机	按照每 1000m² 设置一个 CO 传感器，至少每个防烟分区设置一个 CO 传感器

6.8 多用户排油烟监控原理

多用户排油烟系统监控原理如图6-8所示。

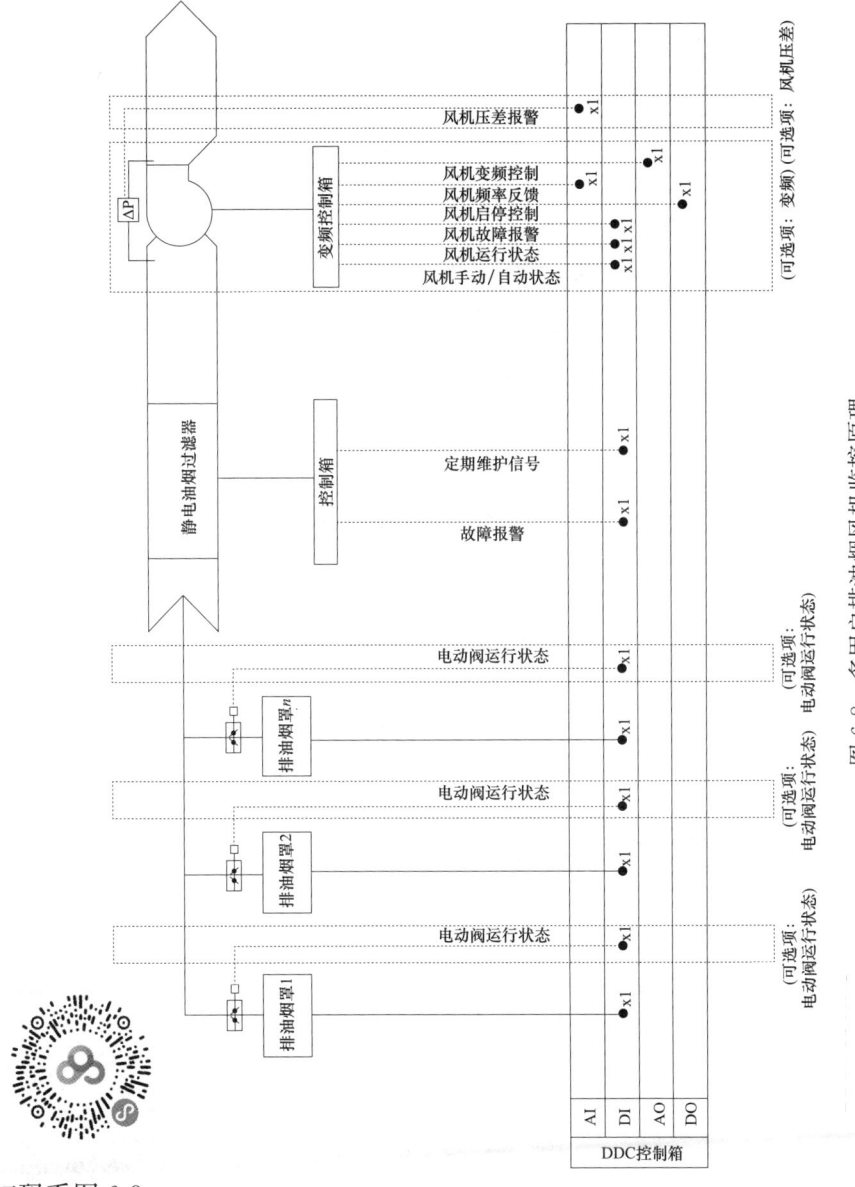

图6-8 多用户排油烟风机监控原理

扫码看图6-8

多用户排油烟监控系统主要功能如表6-7所示。

表6-7 多用户排油烟监控系统主要功能

序号	监控项	监控说明	备注说明
1	参数检测及报警	风机的运行状态、故障报警、转换开关的手动/自动状态反馈至控制中心	
		自动统计机组工作时间,提示定时维修	
2	排风机启停控制	控制方式一:根据物业管理,定时启动	
		控制方式二:末端排油烟罩(或电动阀)开启,风机开启	
3	风机变频控制	根据末端排油烟罩的开启数量,与设定好的数量对比来调整风机频率	
4	联锁控制	排油烟风机与静电油烟净化器联锁同开同关;同一区域的排油烟风机与补风机联锁同开同关	
5	风机压差检测	通过对比风机前后压差来判定风机状态	直联风机不适用

6.9 新风转轮热回收空调系统监控原理

新风转轮热回收空调系统监控原理如图6-9所示。新风转轮热回收空调监控系统主要功能如表6-8所示。

扫码看图6-9

第6章 暖通专业设备及成套系统BA控制原理

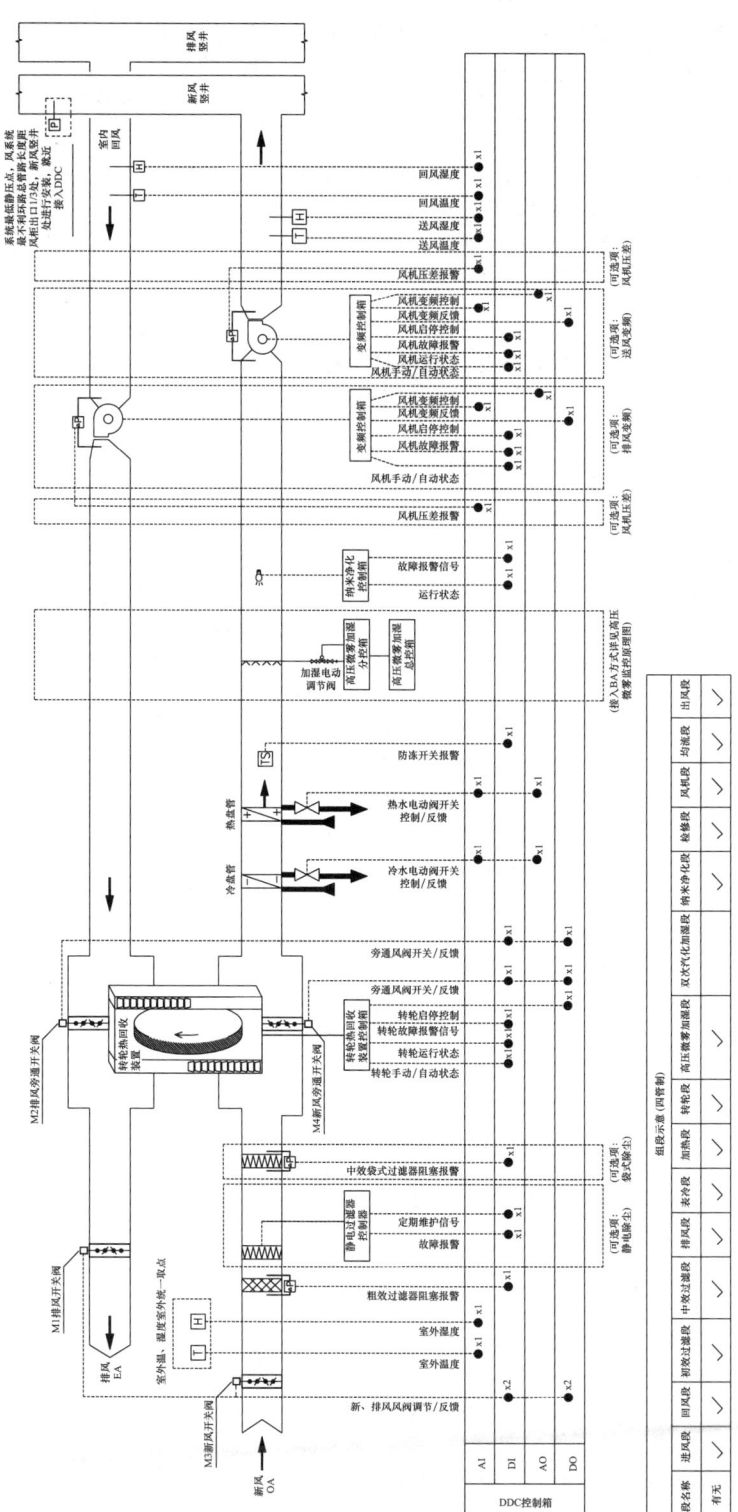

图 6-9 新风转轮热回收空调系统监控原理

表 6-8 新风转轮热回收空调监控系统主要功能

序号	监控项	监控说明	备注说明
1	参数检测及报警	排风、送风温湿度，送风压力，排风二氧化碳，过滤器堵塞信号，送、回风机启停状态、故障报警及手动/自动状态、频率反馈，转轮风机启停状态、故障及手动/自动状态，水阀调节状态反馈，风阀开关状态反馈等	
2	联锁控制	M1、M3 风阀，转轮、静电过滤器、纳米净化、电动水阀、加湿器与送风机联锁控制，停风机时自动关闭。冬季换热盘管防冻保护，关闭 M3 风阀，联锁风机停止工作	
3	季节模式选择	过渡季（室外焓值 25~45kJ/kg；或根据物业要求手动设定）下关闭全热交换转轮，此时 M2 和 M4 全开，并联动对应的排风机。冬夏季开启转轮，过渡季关闭转轮	实际常根据室外温度（12~22℃）来设定
4	送风温度控制	根据送风温度与设定温度的比较，对冷/热水阀开度进行 PID 调节，以保证回风温度始终控制在设定值范围内。在夏季工况时，当送风温度高于设定值时，调节冷水阀开大；当送风温度低于设定值时，调节冷水阀关小。在冬季工况时，当送风温度高于设定值时，调节热水阀关小；当送风温度低于设定值时，调节热水阀开大	设定值暂定夏季 18℃，冬季 30℃，具体视项目情况而定
		过渡季节根据回风温度，调节送风阀和回风阀的开度	
5	湿度控制	根据回风湿度与设定湿度进行比较，对电动加湿阀进行开关控制，以保证回风湿度始终控制在设定范围内。加湿器依据回风管上的回风湿度调节	
6	排风机频率控制	排风机频率与送风机频率联动，但其频率不大于送风机频率，保持楼层微正压	
7	送风机频率控制	制冷、制热模式下，送、排风机依据送、排风管上静压值变频运行，维持最小设计新风量运行，满足末端新风量需求	风管静压传感器设置在距风柜出口 1/3 处

第6章 暖通专业设备及成套系统BA控制原理

续表

序号	监控项	监控说明	备注说明
8	过滤网报警	在粗效过滤器两侧设置压差开关,当过滤网堵塞,粗效压差超过设定值(100Pa)时,自动报警,提醒清洗或更换过滤网	静电过滤器判定维护方法:(1)设定固定时间;(2)根据电阻报警
9	防冻开关报警	当防冻开关检测值低于一定的设定值(一般设 5℃)时,关闭新风阀,热水阀全开,进行内循环,以防盘管受冻爆裂致使设备损坏。当报警信号解除 2min 后,进入正常开机模式	设定值暂定 5℃,具体视项目情况而定。上海、江浙等地可不设置防冻开关
10	风机压差检测	通过对比风机前后压差来判定风机状态	直联风机不适用

注:1. 空调机组统一通过在室外设置温湿度点进行检测,不单独在每个空调机组上设置。
  2. 高压微雾系统通过空调机组前端湿度传感器检测数据后,将数据传送到 BA 系统的同时也传送到高压微雾自带系统。
  3. 湿度传感器由湿度厂家配套设置。

6.10 空调箱监控原理(一)

空调箱监控原理(一)如图 6-10 所示。空调箱监控原理(一)系统主要功能如表 6-9 所示。

表 6-9 空调箱监控原理(一)系统主要功能

序号	监控项	监控说明	备注说明
1	参数检测及报警	PM2.5 值、回风/送风温湿度、过滤器堵塞信号、防冻报警、送风机启停状态、故障报警、手动/自动状态、冷热电动水阀调节状态反馈、新/回风阀调节状态反馈、静电过滤器的运行状态/故障报警/清洗报警、送风压力	
2	联锁控制	风机停止后,新/回风阀、电动水阀、静电过滤器等自动关闭。风机启动后,其前后压差过低时故障警报,并联锁停机	
3	季节模式选择	过渡季(室外比焓 25～45kJ/kg;或根据物业要求手动设定)下,加大 M1 开度,减小 M2 开度并联动对应的排风机	实际常根据室外温度(12～22℃)来设定

69

建筑设备控制原理图解

续表

序号	监控项	监控说明	备注说明
4	送风温度控制	根据送风温度与设定温度的比较，对冷/热水阀开度进行 PID 调节，以保证送风温度始终控制在设定值范围内。在夏季工况时，当送风温度高于设定值时，调节冷水阀开大；当送风温度低于设定值时，调节冷水阀关小。在冬季工况时，当回风温度高于设定值时，调节热水阀关小；当回风温度低于设定值时，调节热水阀开大	设定值暂定夏季18℃，冬季30℃，具体视项目情况而定
		过渡季节根据回风温度，调节送风阀和回风阀的开度	
5	回风湿度控制	根据回风湿度与设定湿度进行比较，对电动加湿阀进行开关控制，以保证回风湿度始终控制在设定范围内。加湿器依据回风管上的回风湿度调节	回风湿度：夏季55%，冬季40%，实际温湿度同时控制时，以温度控制优先
6	送风机定时启停控制	根据事先安排的工作及节假日作息时间表，定时启停机组。自动统计机组工作时间，提示定时维修	
7	重要场所的环境控制	在重要场所设温湿度测点，根据其温湿度直接调节空调机组的冷热水阀，确保重要场所的温湿度为设定值	
8	过滤网报警	在粗效过滤器两侧设置压差开关，当过滤网堵塞，粗效压差超过设定值（100Pa）时，自动报警，提醒清洗或更换过滤网	静电过滤器判定维护方法：（1）设定固定时间；（2）根据电阻报警
9	防冻开关报警	当防冻开关检测值低于一定的设定值（一般设5℃）时，关闭新风阀，热水阀全开，进行内循环，以防盘管受冻爆裂致使设备损坏。当报警信号解除2min后，进入正常开机模式	设定值暂定5℃，具体视项目情况而定。上海、江浙等地可不设置防冻开关
10	风机压差检测	通过对比风机前后压差来判定风机状态	直联风机不适用

注：1. 空调机组统一通过在室外设置温湿度点进行检测，不单独在每个空调机组上设置。
2. 高压微雾系统通过空调机组前端湿度传感器检测数据后，将数据传送到BA系统的同时也传送到高压微雾自带系统。
3. 湿度传感器由湿度厂家配套设置。

第6章 暖通专业设备及成套系统BA控制原理

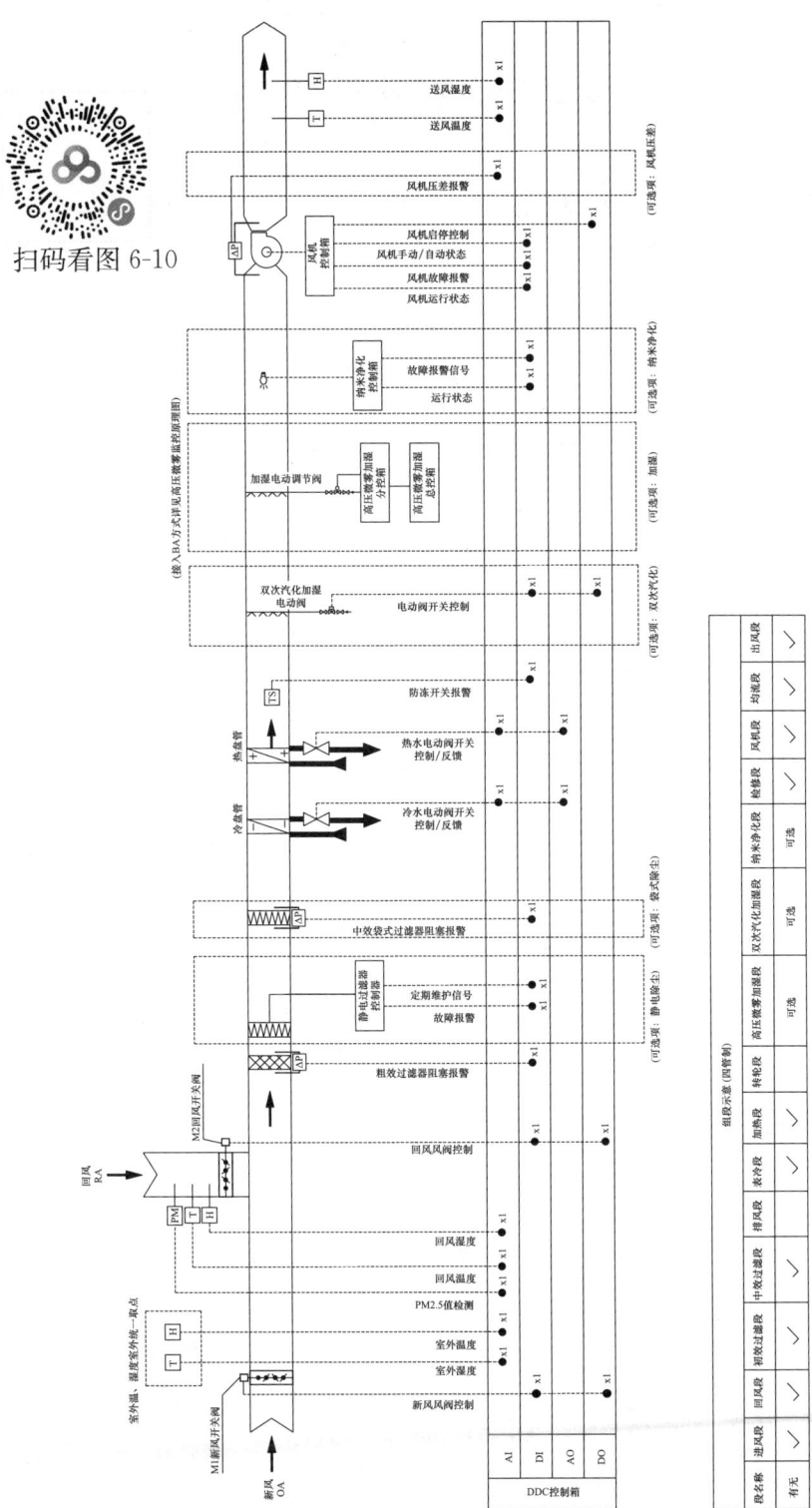

图6-10 空调箱监控原理（一）

6.11 空调箱监控原理（二）

空调箱监控原理（二）如图 6-11 所示。空调箱监控原理（二）系统主要功能如表 6-10 所示。

表 6-10 空调箱监控原理（二）系统主要功能

序号	监控项	监控说明	备注说明
1	参数检测及报警	PM2.5 值、回风/送风温湿度、过滤器堵塞信号、防冻报警、送风机启停状态、故障报警、手动/自动状态、冷热电动水阀调节状态反馈、新/回风阀调节状态反馈、静电过滤器的运行状态/故障报警/清洗报警、送风压力、二氧化碳浓度、风机频率反馈	
2	联锁控制	风机停止后，新/回风阀、电动水阀、静电过滤器等自动关闭。风机启动后，其前后压差过低时故障警报，并联锁停机	
3	季节模式选择	过渡季（室外比焓 25～45kJ/kg；或根据物业要求手动设定）下，加大 M1 开度，减小 M2 开度并联动对应的排风机	实际常根据室外温度（12～22℃）来设定
4	送风温度控制	根据送风温度与设定温度的比较，对冷/热水阀开度进行 PID 调节，以保证送风温度始终控制在设定值范围内。在夏季工况时，当送风温度高于设定值时，调节冷水阀开大；当送风温度低于设定值时，调节冷水阀关小。在冬季工况时，当回风温度高于设定值时，调节热水阀关小；当回风温度低于设定值时，调节热水阀开大	设定值暂定夏季 18℃，冬季 30℃，具体视项目情况而定
		过渡季节根据回风温度，调节送风阀和回风阀的开度	
5	回风湿度控制	根据回风湿度与设定湿度进行比较，对电动加湿阀进行开关控制，以保证回风湿度始终在设定范围内。加湿器依据回风管上的回风湿度调节	回风湿度：夏季 55%，冬季 40%，实际温湿度同时控制时，以温度控制优先

第6章 暖通专业设备及成套系统 BA 控制原理

续表

序号	监控项	监控说明	备注说明
6	送风机频率控制	制冷、制热模式下，送风机根据送、排风管上静压值变频运行，维持最小设计新风量运行，满足末端新风量需求	风管静压传感器设置在距离风柜出口 1/3 处
7	送风机定时启停控制	根据事先安排的工作及节假日作息时间表，定时启停机组。自动统计机组工作时间，提示定时维修	
8	重要场所的环境控制	在重要场所设温湿度测点，根据其温湿度直接调节空调机组的冷热水阀，确保重要场所的温湿度为设定值。在重要场所设二氧化碳检测点，根据其浓度调节新风比	
9	定静压自动控制	在送风干管的适当位置（离风机 1/3 处）设置静压传感器，通过调节风机变频器的输出改变风机的风速，从而保证该点静压值维持在一定的数值上	
10	电动风阀的控制	在回风管道上设置 CO_2 传感器，设定值暂定为 800×10^{-6}（可调）。当二氧化碳浓度发生变化时，系统会根据其浓度通过楼宇控制系统自动调节新风/回风变风量阀的开度，从而控制新/回风比例，保证室内二氧化碳浓度控制在 800×10^{-6} 以下。冬夏季新风阀根据 CO_2 浓度进行调节，过渡季节新风/排风阀全开，回风阀关闭	
11	过滤网报警	在粗效过滤器两侧设置压差开关，当过滤网堵塞，粗效压差超过设定值（100Pa）时，自动报警，提醒清洗或更换过滤网	静电过滤器判定维护方法：(1) 设定固定时间；(2) 根据电阻报警
12	防冻开关报警	当防冻开关检测值低于一定的设定值（一般设 5℃）时，关闭新风阀门，热水阀全开，进行内循环，以防盘管受冻爆裂致使设备损坏。当报警信号解除 2min 后，进入正常开机模式	设定值暂定 5℃，具体视项目情况而定。上海、江浙等地可不设置防冻开关
13	风机压差检测	通过对比风机前后压差来判定风机状态	直联风机不适用

注：1. 空调机组室外温湿度统一通过在室外设温湿度点进行检测，不单独在每个空调机组上设置。
    2. 高压微雾系统通过空调机组前端湿度传感器检测数据后，将数据传送到 BA 系统的同时也传送到高压微雾自带系统。
    3. 湿度传感器由湿度厂家配套设置。

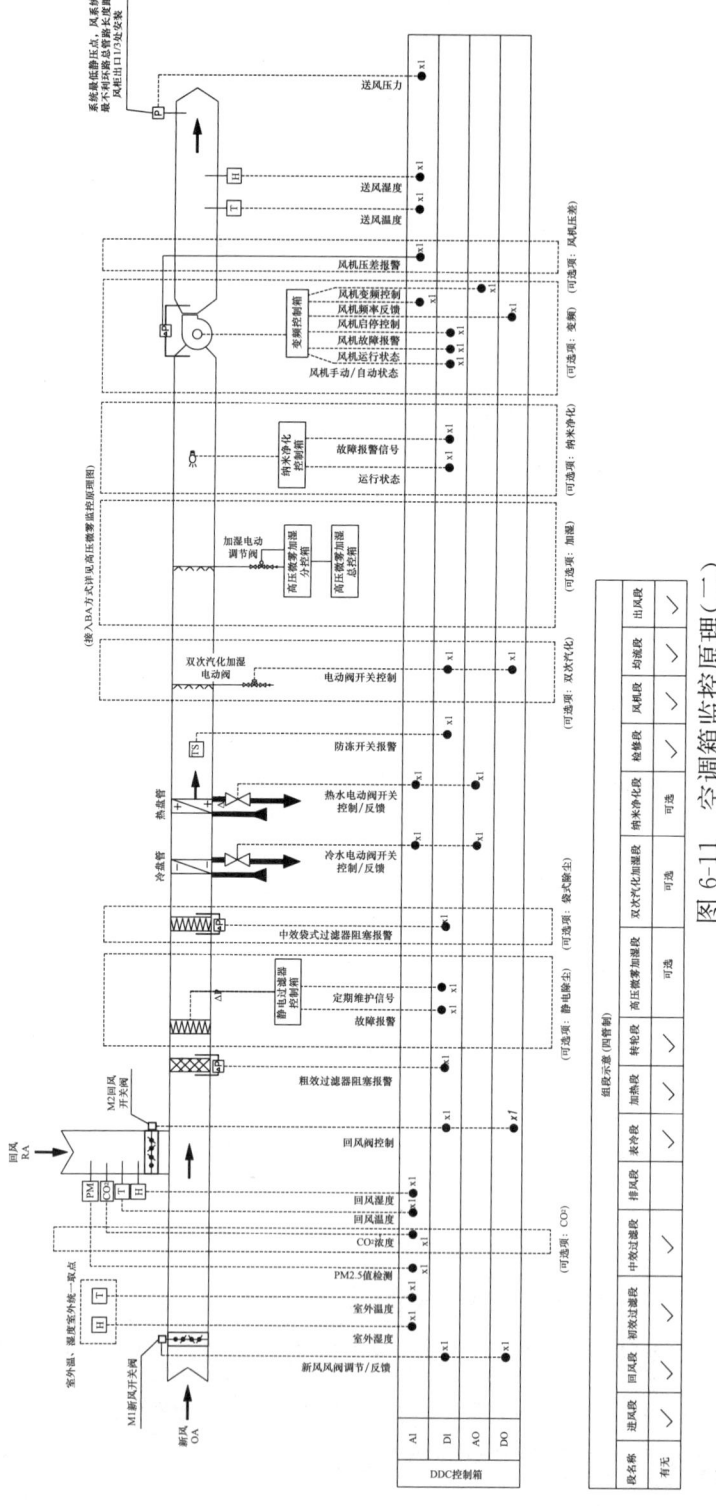

图 6-11 空调箱监控原理(二)

6.12 新风机组监控原理（一）

新风机组监控原理（一）如图 6-12 所示。新风机组监控原理（一）系统主要功能如表 6-11 所示。

表 6-11 新风机组监控原理（一）系统主要功能

序号	监控项	监控说明	备注说明
1	参数检测及报警	PM2.5 值、回风/送风温湿度、过滤器堵塞信号、防冻报警、送风机启停状态、故障报警、手动/自动状态、冷热电动水阀调节状态反馈、新/回风阀调节状态反馈、静电过滤器的运行状态/故障报警/清洗报警、送风压力	
2	联锁控制	风机停止后，新/回风阀、电动水阀、静电过滤器等自动关闭。风机启动后，其前后压差过低时故障警报，并联锁停机	
3	送风温度控制	根据送风温度与设定温度的比较，对冷/热水阀开度进行 PID 调节，以保证送风温度始终控制在设定值范围内。在夏季工况时，当送风温度高于设定值时，调节冷水阀开大；当送风温度低于设定值时，调节冷水阀关小。在冬季工况时，当回风温度高于设定值时，调节热水阀关小；当回风温度低于设定值时，调节热水阀开大	设定值暂定夏季 18℃，冬季 30℃，具体视项目情况而定
4	送风湿度控制	根据回风湿度与设定湿度进行比较，对电动加湿阀进行开关控制，以保证回风湿度始终控制在设定范围内	回风湿度：夏季 55%，冬季 40%，实际控制温湿度同时控制时，以温度控制优先

建筑设备控制原理图解

续表

序号	监控项	监控说明	备注说明
5	送风机定时启停控制	根据事先安排的工作及节假日作息时间表,定时启停机组。自动统计机组工作时间,提示定时维修	
6	重要场所的环境控制	在重要场所设温湿度测点,根据其温湿度直接调节空调机组的冷热水阀,确保重要场所的温湿度为设定值	
7	过滤网报警	在粗效过滤器两侧设置压差开关,当过滤网堵塞时,粗效压差超过设定值(100Pa)时,自动报警,提醒清洗或更换过滤网	静电过滤器判定维护方法:(1)设定固定时间;(2)根据电阻报警
8	防冻开关报警	当防冻开关检测值低于一定的设定值(一般设5℃)时,关闭新风阀,热水阀全开,进行内循环,以防盘管受冻爆裂致使设备损坏。当报警信号解除2min后,进入正常开机模式	设定值暂定5℃,具体视项目情况而定。上海、江浙等地可不设置防冻开关
9	风机压差检测	通过对比风机前后压差来判定风机状态	

注:1. 空调机组室外温湿度统一在室外设置温湿度点进行检测,不单独在每个空调机组上设置。
2. 湿度传感器由湿度厂家配套设置。

第6章 暖通专业设备及成套系统BA控制原理

扫码看图 6-12

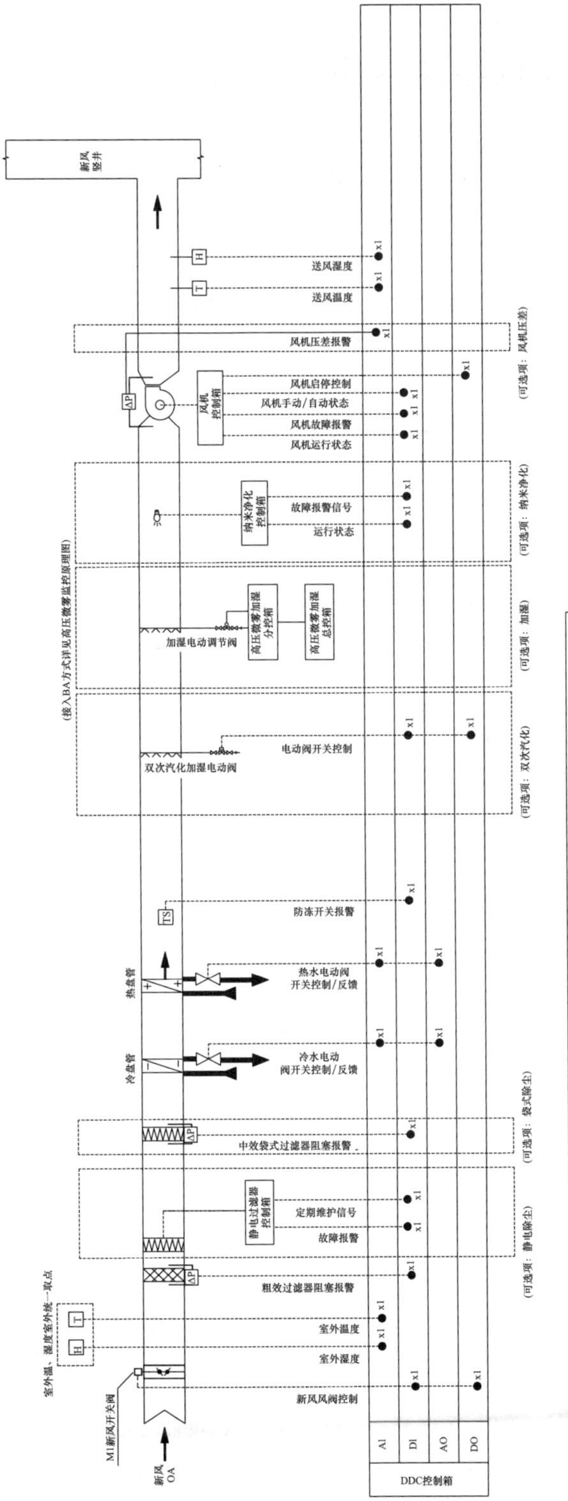

图 6-12 新风机组监控原理（一）

6.13 新风机组监控原理（二）

新风机组监控原理（二）如图 6-13 所示。新风机组监控原理（二）系统主要功能如表 6-12 所示。

表 6-12 新风机组监控原理（二）系统主要功能

序号	监控项	监控说明	备注说明
1	参数检测及报警	新风温湿度、过滤器堵塞信号、送风压力、防冻报警、送风机启停状态、故障报警及手动/自动状态及频率反馈、湿膜加湿器启停开关状态、水阀调节状态反馈、风阀开关状态反馈、二氧化碳浓度	
2	联锁控制	静电过滤器、纳米净化、电动水阀、加湿器与送风机联锁控制，停风机时自动关闭。检测送风机配电柜中的手动/自动状态、运行状态、故障信号，控制送风机的启停。机组开启时先打开新风阀，再开启风机，根据温湿度传感器及季节模式决定加湿器、电动水阀开启	
3	季节模式选择	过渡季（室外比焓 25~45kJ/kg；或根据物业要求手动设定）下，M1 打开	实际常根据室外温度（12~22℃）来设定
4	送风温度控制	根据送风温度与设定温度的比较，对冷/热水阀开度进行 PID 调节，以保证送风温度始终控制在设定值范围内。在夏季工况时，当送风温度高于设定值时，调节冷水阀开大；当送风温度低于设定值时，调节冷水阀关小。在冬季工况时，当回风温度高于设定值时，调节热水阀关小；当回风温度低于设定值时，调节热水阀开大。冷热水管上动态平衡电动调节阀依据送风温度调节	设定值暂定夏季 18℃，冬季 30℃，具体视项目情况而定
5	送风湿度控制	根据送风湿度与设定湿度比较，当送风湿度低于设定范围时，打开加湿水阀。当送风湿度高于设定范围时，关闭加湿水阀。加湿器依据典型控制区域内空气的相对湿度调节	回风湿度：夏季 55%，冬季 40%，实际温湿度同时控制时，以温度控制优先

第6章 暖通专业设备及成套系统BA控制原理

续表

序号	监控项	监控说明	备注说明
6	排风机频率控制	排风机频率与送风机频率联动,但其频率不大于送风机频率,保持楼层微正压。自动模式下,同一区域排风机与新风机联锁,同开同关	
7	送风机频率控制	制冷、制热模式下,送风机依据送风管上静压值变频运行,维持最小设计新风量运行,满足末端新风量需求	风管静压传感器设置在距风柜出口1/3处
8	室内CO_2浓度控制	在末端设置CO_2传感器,设定值暂定为800×10^{-6}(可调)。当二氧化碳浓度发生变化时,系统会根据其浓度通过自控系统自动控制新风变风量阀的开度,从而控制新风比例,保证室内二氧化碳浓度控制在800×10^{-6}以下	
9	过滤网报警	在粗效过滤器两侧设置压差开关,当过滤网堵塞时,粗效压差超过设定值(100Pa)时,自动报警,提醒清洗或更换过滤网	
10	防冻开关报警	当防冻开关检测值低于一定的设定值(一般设5℃)时,关闭新风阀,热水阀全开,进行内循环,以防盘管受冻爆裂致使设备损坏	设定值暂定5℃,具体视项目情况而定。上海、江浙等地可不设置防冻开关
11	风机压差检测	通过对比风机前后压差来判定风机状态	直联风机不适用

注:1. 空调机组室外温湿度统一在室外设置温湿度点进行检测,不单独在每个空调机组上设置。
2. 湿度传感器由湿度厂家配套设置。

扫码看图 6-13

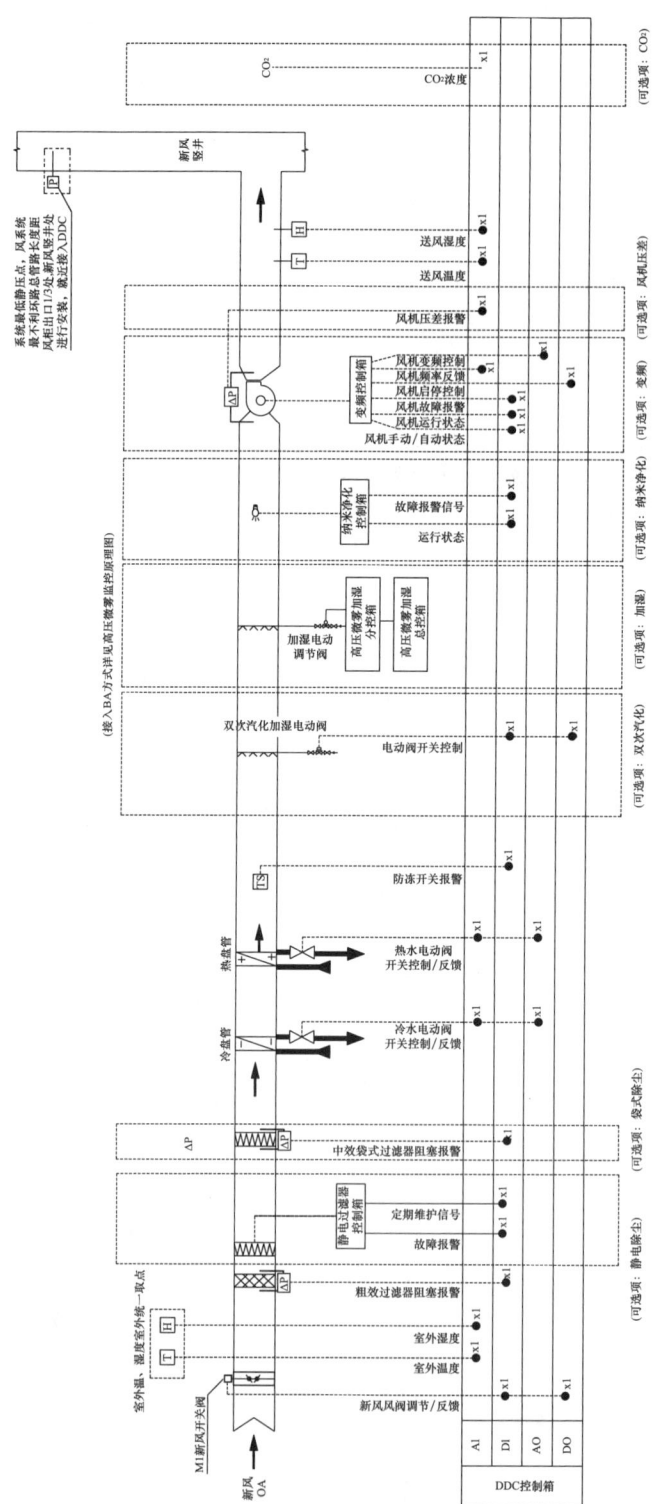

图 6-13 新风机组监控原理（二）

6.14 变风量(VAV)系统定静压法监控原理

变风量(VAV)系统定静压法监控原理如图 6-14 所示。

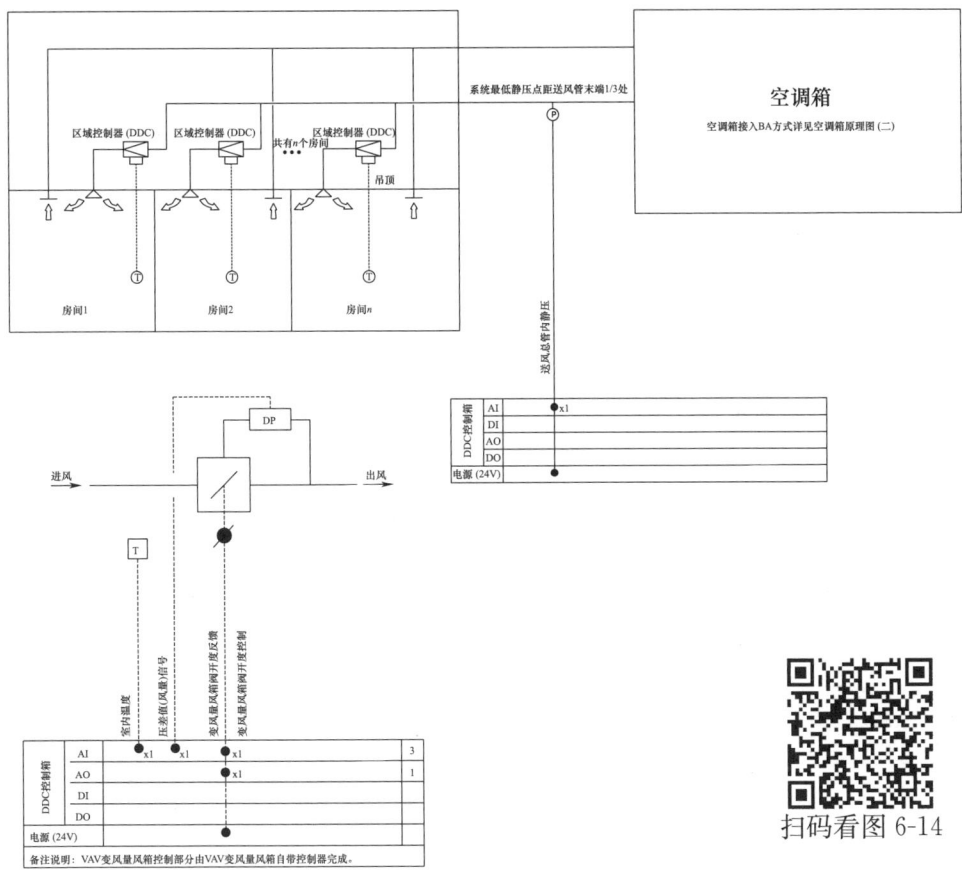

图 6-14 变风量(VAV)系统定静压法监控原理

注：1. 风机变频控制：固定送风温度设定值以及 VAV Box 区域温度设定值。依据静压点的压力，调节风机变频器速度。静压测定值大于系统的静压值，减小风机变频器速率；静压测定值小于系统的静压值，增大风机变频器速率。风机频率不得小于最小频率。
2. 静压控制：在送风管中的最低静压处设置静压传感器 P，当各温度控制区的显热负荷减小、变风量末端装置调节风阀调小风量时，它使 P 点的静压实测值大于设定值，系统 DDC 控制器根据静压测定值与静压设定值的差值，变频调节风机转速，风机输出全压下降，使 P 点的静压实测值接近设定值。由于主风管的静压降低，各变风量末端装置在同样的送风量下风阀开度增大，系统管道阻力曲线发生变化后稳定下来。

6.15 变风量（VAV）系统变定静压法监控原理

变风量（VAV）系统变定静压法监控原理如图 6-15 所示。

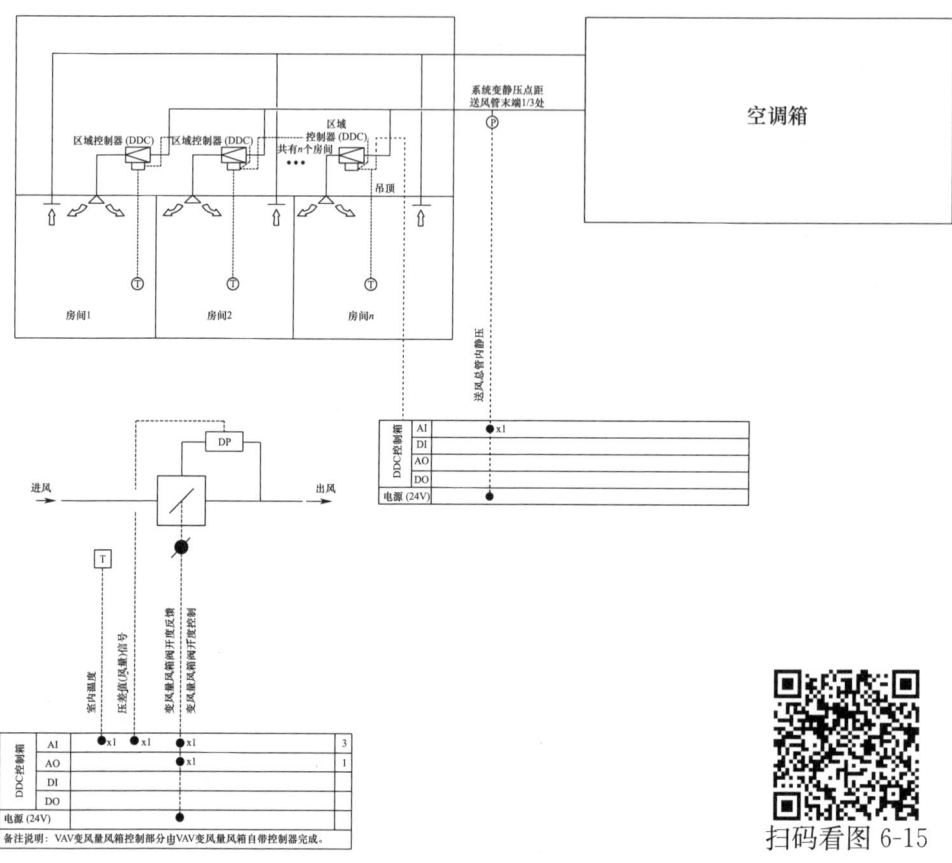

扫码看图 6-15

图 6-15 变风量（VAV）系统变定静压法监控原理

注：1. 风机变频控制：固定送风温度设定值以及 VAV Box 区域温度设定值。依照 VAV Box 阀位再设静压设定值，调节风机变频器速度。静压值大于再设静压设定值时，减小风机变频器速率；静压值小于再设静压设定值时，增大风机变频器速率。风机频率不得小于最小频率。
2. 变定静压控制：每个变风量末端装置的 VAVBOX DDC 控制器将各自的调节风阀的阀位传递到空调机组的 AHU DDC 控制器。读取具有最大阀位开度（POSmax）末端装置的数量。如 POSmax＞90%，说明在当前系统静压下，具有最大阀位开度的末端装置的送风量刚够满足空调区域的负荷需求；如此时风机转速不是最大，应增大静压设定值 10Pa。如 POSmax＜70%，说明在当前系统静压下，最大阀位开度太小，其他末端装置调节风阀的阀位则更小，可以判断系统静压值偏大，可减小静压设定值 10Pa。如 70%≤POSmax≤90%，则说明当前系统静压正合适，无需改变系统静压设定值。

6.16 变风量（VAV）系统变静压法监控原理

变风量（VAV）系统变静压法监控原理如图 6-16 所示。

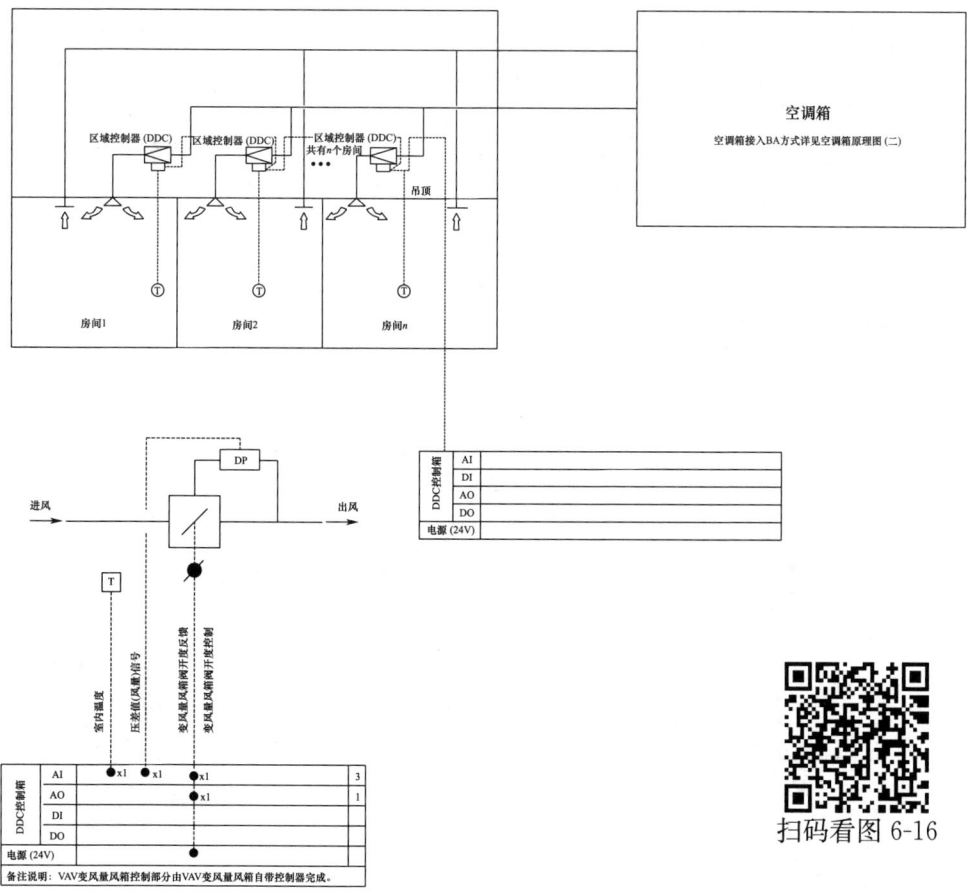

图 6-16 变风量（VAV）系统变静压法监控原理

注：1. 风机变频控制：固定送风温度设定值以及 VAV Box 区域温度设定值。依照 VAV Box 阀位调节风机频率，风机频率不得小于最小频率。
2. 变静压控制：BA 系统与每个末端控制器联网，读取风量需求值和风阀开度，工程调试时获取末端全开时 AHU 风量与转速对照表。实际运行时根据末端风阀开度，修正风机转速；当风阀开度都小于 85％时，降低转速；至少有一个末端装置风阀开度过高（开度为 100％）时，提高转速；末端装置风阀没有一个开度过高（开度为 100％），且至少有一个末端装置风阀开度适中（风阀开度在 85％～99％），维持转速不变。

6.17 变风量（VAV）系统总风量法监控原理

变风量（VAV）系统总风量法监控原理如图 6-17 所示。

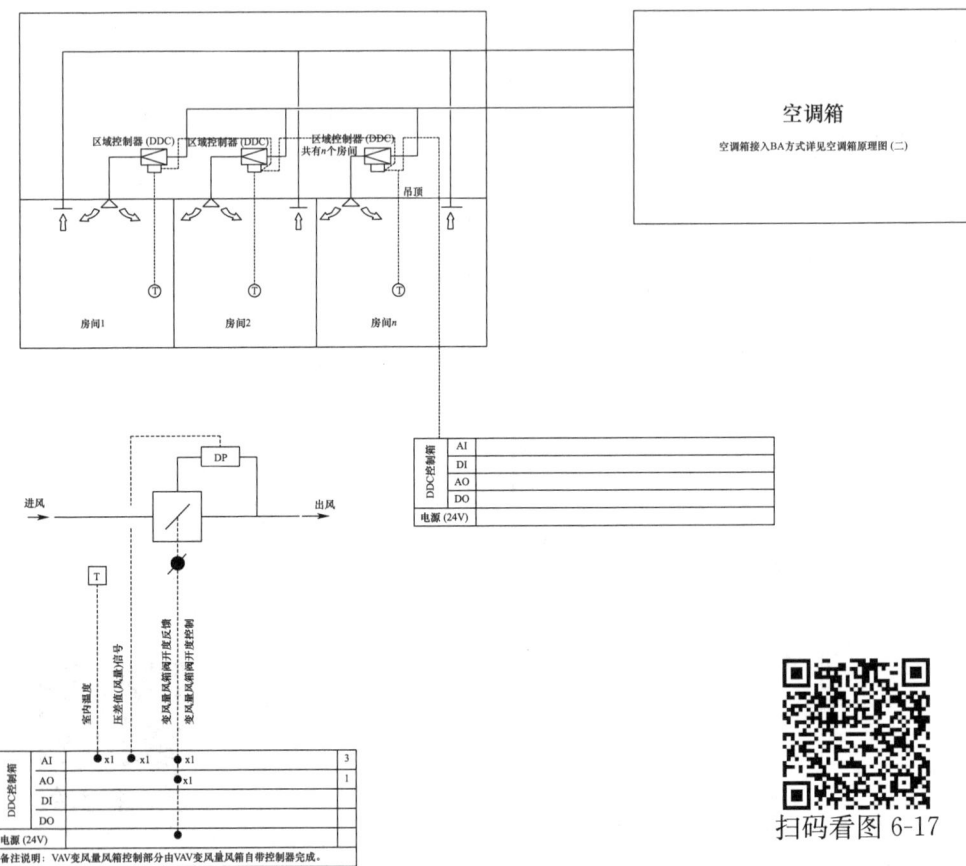

图 6-17 变风量（VAV）总风量法监控原理

注：1. 风机变频控制。固定送风温度设定值以及区域温度设定值。根据系统总风量调节风机频率。风机频率不得小于最小频率。
 2. 总风量控制。根据系统设定风量与风机设定转速的函数关系，BA 系统与每个末端联网，读取各末端的要求风量，并累计求和，求和值作为系统设定总风量，直接求得风机设定转速。

6.18 风机动力型变风量末端（FPB）监控原理

风机动力型变风量末端（FPB）监控原理如图 6-18 所示。

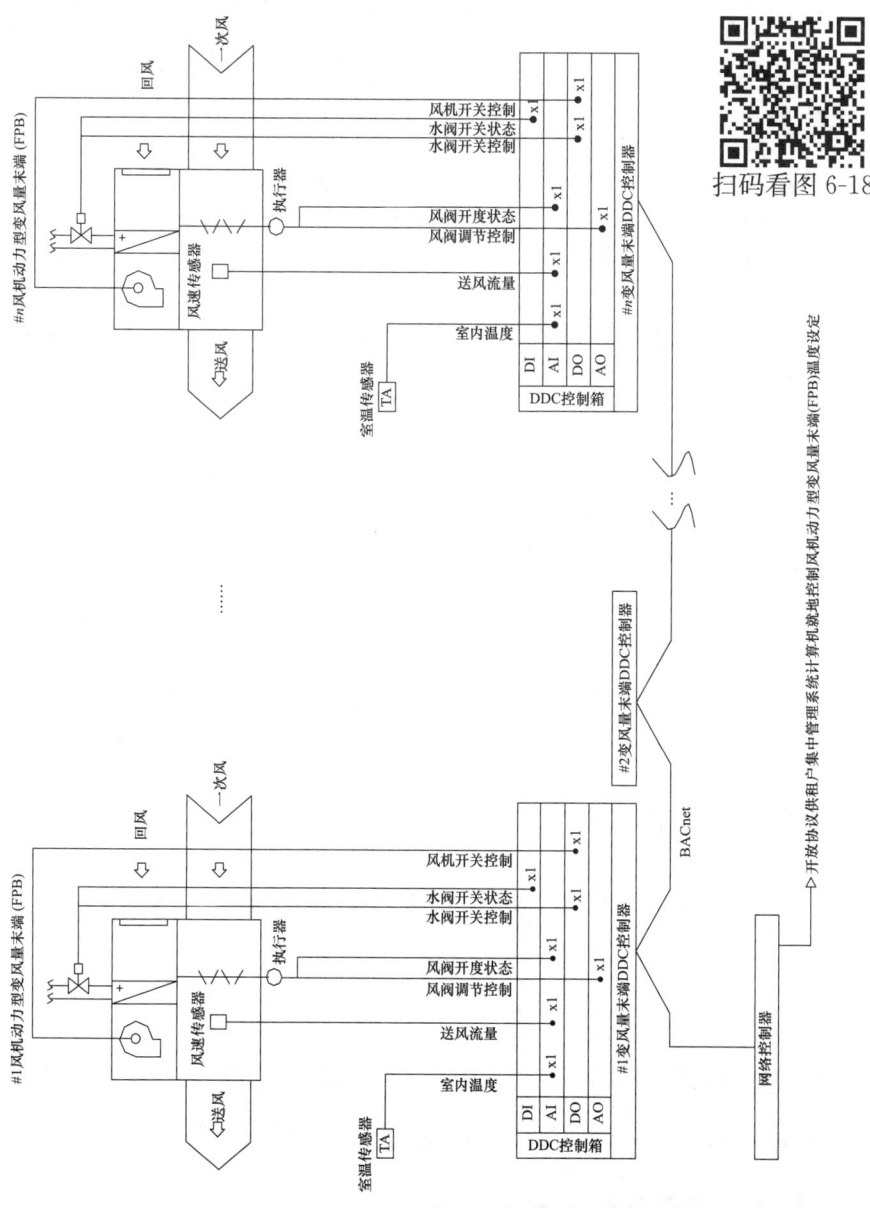

图 6-18 风机动力型变风量末端（FPB）监控原理

风机动力型变风量末端（FPB）监控系统主要功能如表 6-13 所示。

表 6-13　风机动力型变风量末端（FPB）监控系统主要功能

序号	监控项	监控说明
1	参数检测及报警	变风量末端控制器提供各类数据检测，包括风量、阀门开度等
2	变风量末端FPB设定	变风量末端FPB设有最低风量限定，确保足够新风送至室内环境，最低风量为设计值的30%
3	季节模式选择	风机动力型变风量末端FPB内置模拟式调节风阀、cross-flow风量传感器、辅助热水盘管及并联式风机，夏季及冬季运行模式在BA系统以手动转换
4	联锁控制	变风量末端FPB风机在冬季模式时浮点热水阀与变风量末端FPB风机及温控设定值联动，控制范围±1.5℃，设有延时过热保护
5	变风量末端FPB调节	当采用夏季模式时，实际室温值与预设室温值存在差异时，变风量末端FPB调节一次风风量大小达到设定室温。当采用冬季模式时，变风量末端FPB风机在需要供暖水升温时启动，实际室温值与预设室温值存在差异时（一般室温低于设定值3℃），控制热水浮点控制阀进行升温，室温恢复至设定值时，热水盘管电磁阀关闭

6.19　单风道变风量末端（VAV Box）监控原理

单风道变风量末端（VAV Box）监控原理如图 6-19 所示。单风道变风量末端（VAV Box）监控系统主要功能如表 6-14 所示。

第6章 暖通专业设备及成套系统BA控制原理

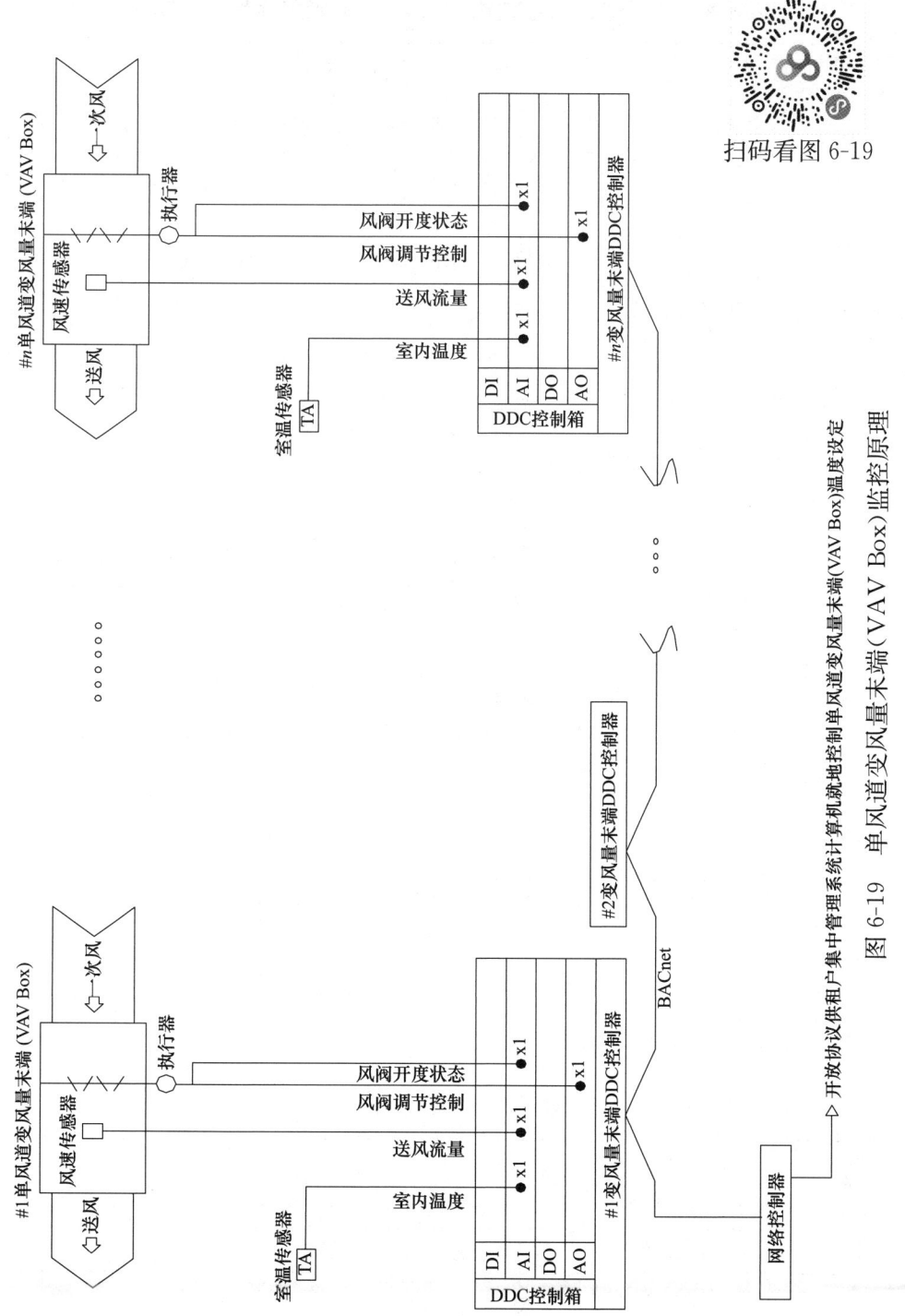

图6-19 单风道变风量末端（VAV Box）监控原理

表6-14 单风道变风量末端（VAV Box）监控系统主要功能

序号	监控项	监控说明
1	参数检测及报警	变风量末端控制器提供各类数据检测，包括风量、阀门开度等
2	电子式定风量阀（CAV）的开度控制	通过通信获得所服务系统中CAV的需求风量，调节CAV风阀的开度
3	单风道变风量末端（VAV）的温度控制	根据室内温度和设定温度的差值，计算出VAV末端的需求风量，与实际测得的风量进行比较，通过调节风阀开度以得到需求风量
4	再热风机动力型变风量末端（VAH）的温度控制	根据室内温度和设定温度的差值，计算出VAV末端的需求风量，与实际测得的风量进行比较，通过调节风阀开度以得到需求风量
5	联锁控制	当房间温度≤设定温度（可设定）时，开启风机和再热盘管水阀或电加热；当房间温度≥设定温度（可设定）时，关闭风机和再热盘管水阀或电加热

6.20 公共区域风机盘管监控原理（一）

公共区域风机盘管监控原理（一）如图6-20所示。公共区域风机盘管监控系统（一）主要功能如表6-15所示。

表6-15 公共区域风机盘管监控系统（一）主要功能

序号	监控项	监控说明
1	参数检测及报警	风机盘管回路启停、运行状态及手动/自动状态
2	风机盘管回路控制	按预先设定的时间程序开启风机盘管回路

第6章 暖通专业设备及成套系统BA控制原理

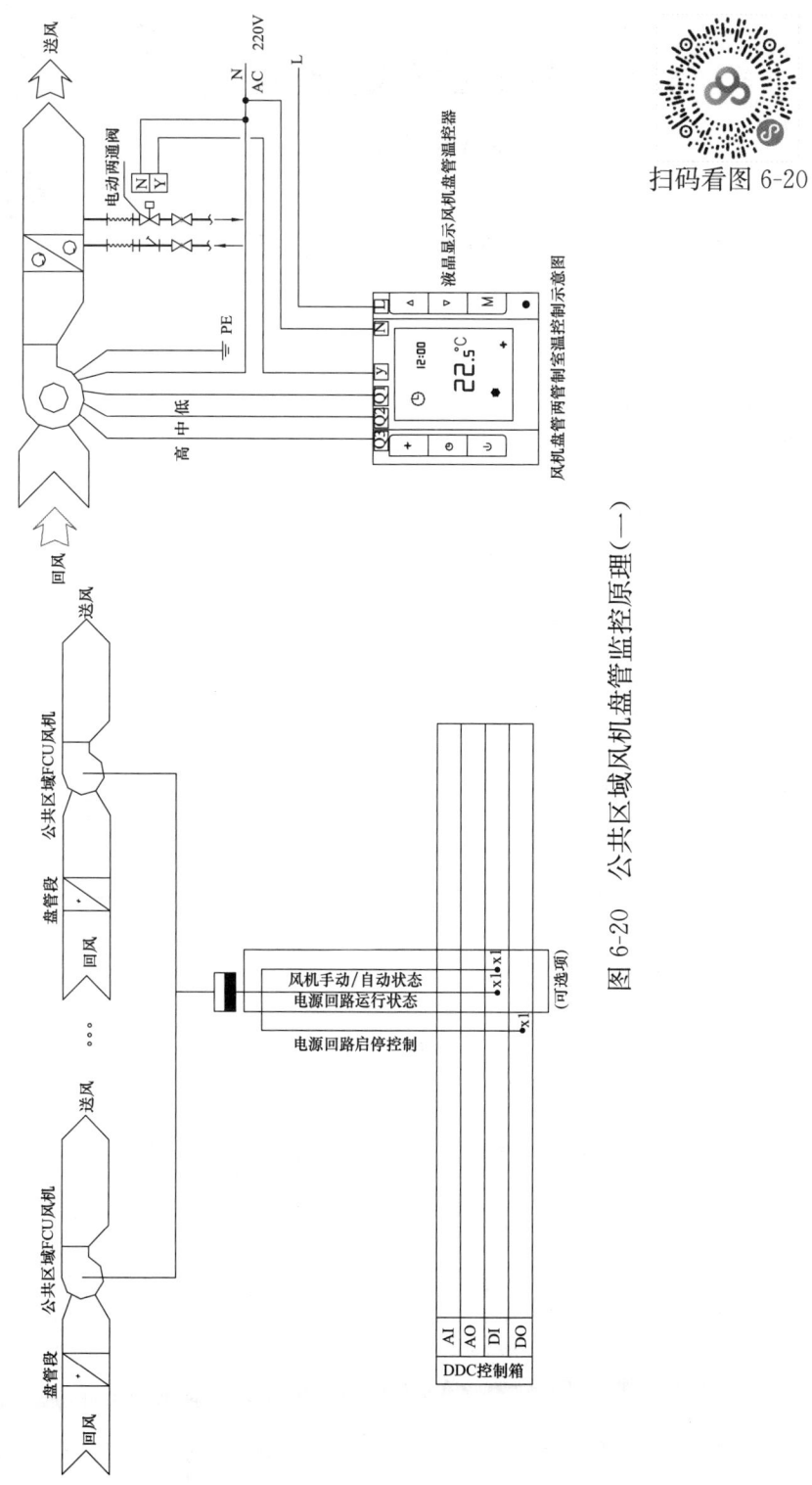

图 6-20 公共区域风机盘管监控原理（一）

6.21 公共区域风机盘管监控原理（二）

共区域风机盘管监控原理（二）如图 6-21 所示。

扫码看图 6-21

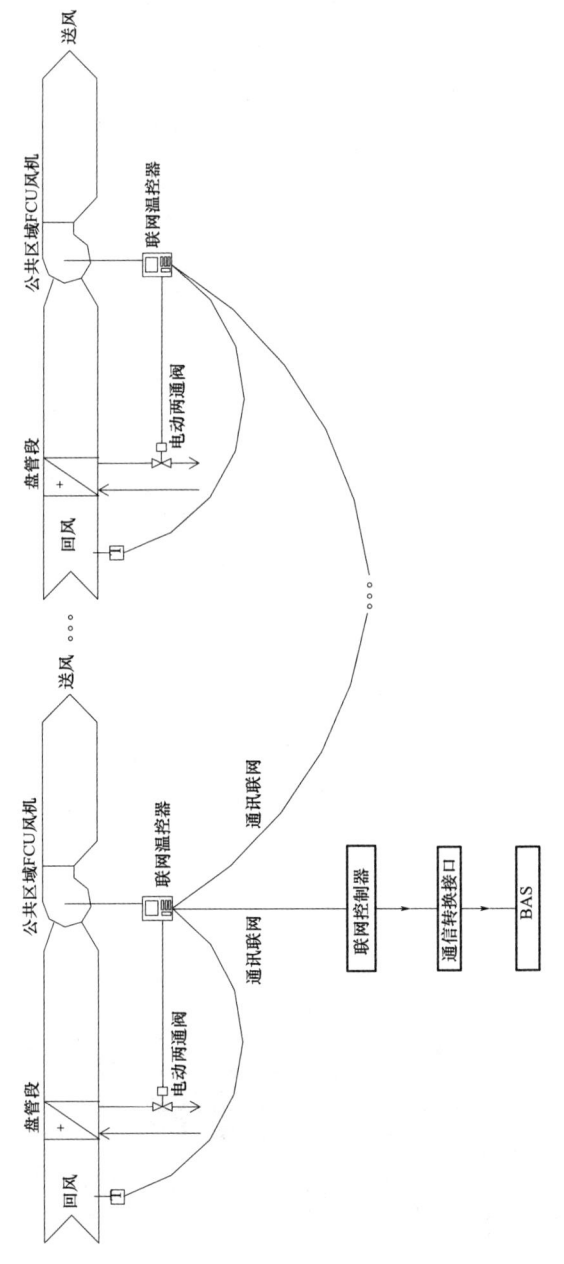

图 6-21 公共区域风机盘管监控原理（二）

第6章 暖通专业设备及成套系统BA控制原理

公共区域风机盘管监控系统（二）主要功能如表6-16所示。

表6-16 公共区域风机盘管监控系统（二）主要功能

序号	监控项	监控说明
1	参数检测及报警	风机盘管回路启停、状态及手动/自动状态、回风温度
2	风机盘管回路控制	按预先设定的时间程序开启风机盘管回路
3	联锁控制	风机停止后，电动调节阀、电磁阀自动关闭
4	回风温度控制	根据回风温度与设定温度进行比较，对盘管电动阀进行开关控制，以保证回风温度始终控制在设定范围内。联网温控器依据回风管上的回风温度调节

6.22 换热机房监控原理

换热机房监控原理如图6-22所示。换热机房监控系统主要功能如表6-17所示。

扫码看图6-22

表6-17 换热机房监控系统主要功能

序号	监控项	监控说明
1	参数检测及报警	板式换热器蝶阀的控制、二次侧温度检测，空调水泵启停、运行状态、故障状态、手动/自动状态，供回水总管压力、温度和流量检测，自动加药装置、定压补水装置运行状态和故障状态。
2	联锁控制	换热器水路蝶阀打开→（适当延时后）空调水泵启动；停止顺序与之相反
3	板式换热器二次侧电动蝶阀控制	检测供水温度，联动板式换热器一次侧电动调节阀，根据二次侧供水温度调节水阀开度，电动蝶阀开关控制
4	供回水总管旁通水阀的调节	检测供回水总管的温度、检测供回水总管的压力，根据供回水总管的压力差值，调节旁通水阀开度
5	空调水泵及水阀控制	根据预先设定的时间程序自动启/停空调水泵及水阀。每次开机前先行检查设备的手动/自动开关状态，符合要求按时序开机；根据总管供水压力，决定空调水泵开启的台数
6	变频水泵控制	通过变频水泵控制器，在满足供热的情况下，调节电机转速，保证一定的系统压差，进行节能

注：变频水泵控制采用末端不利静压点，具体位置由暖通专业提供。

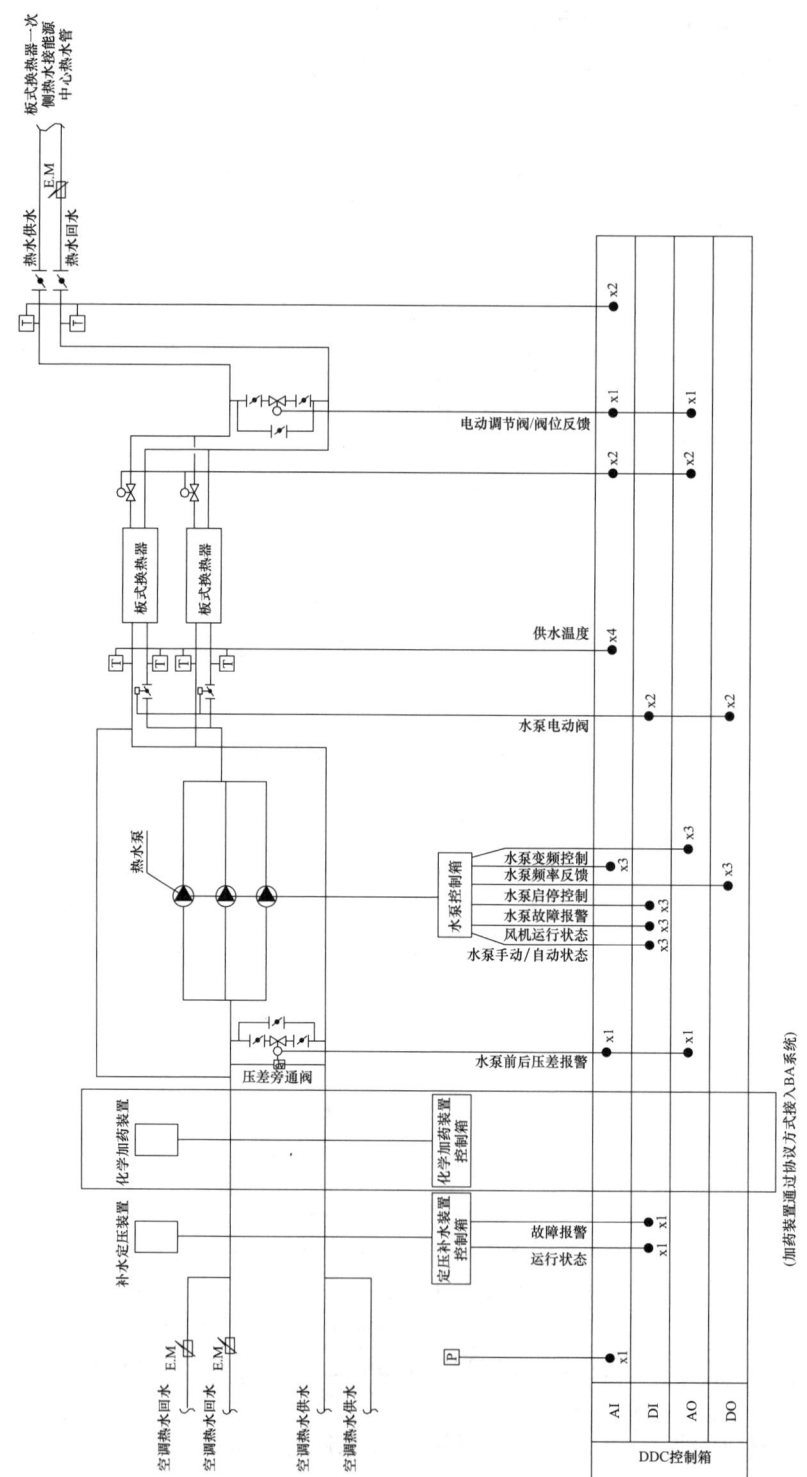

图 6-22 换热机房监控原理

6.23 一级泵定流量、冬季冷却塔供冷制冷系统监控原理

一级泵定流量、冬季冷却塔供冷制冷系统监控原理如图6-23所示。

扫码看图6-23

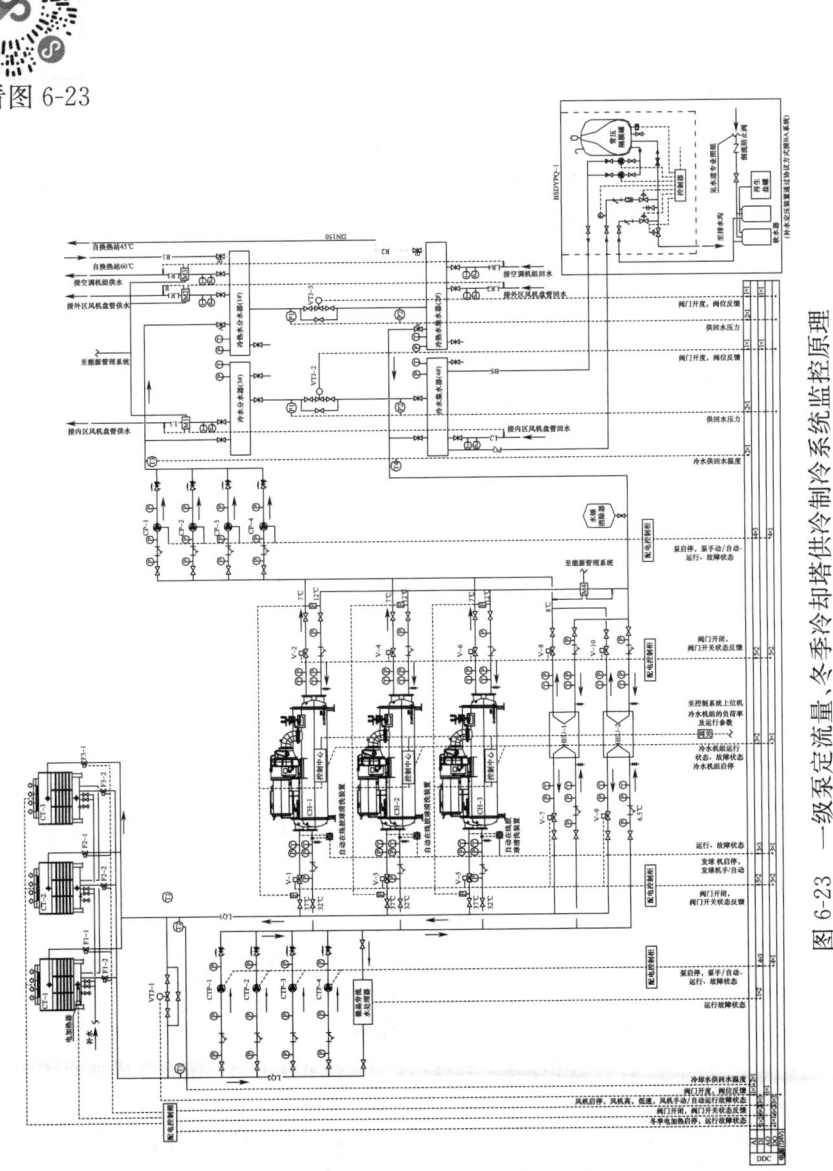

图6-23 一级泵定流量、冬季冷却塔供冷制冷系统监控原理

一级泵定流量、冬季冷却塔供冷制冷系统主要功能如表 6-18 所示。

表 6-18 一级泵定流量、冬季冷却塔供冷制冷系统主要功能

序号	监控项	监控说明
1	控制对象	冷却塔、冷水机组、冷却水泵、冷水泵、冷却塔风机、冷却水回水、冷水供水电动阀；冷水、冷却水旁路的电动调节阀；板式换热器一次侧回水、二次侧供水管路的电动阀
2	参数检测及报警	冷水机组启停、运行状态、故障状态、运行参数；冷水供回水温度，供回水压力；冷却塔风机的启停、高/低速、手动/自动、运行、故障状态，冷却塔冬季电加热管的启停、运行、故障状态；冷却水的供回水温度；冷水泵和冷却水泵的启停、手动/自动、运行、故障状态；发球机启停、手动/自动运行、故障状态
3	机组启停顺序	开机顺序：冷却塔风机、冷却水泵→冷却水管路电动水阀→冷水泵→冷水管路电动水阀→制冷机组；关机顺序与开机顺序相反。相关设备的开/关需经确认后才能开/关下一设备，如遇故障则自动停泵
4	冷水机组台数控制	冷水机组加减机控制方式是以压缩机运行电流 $RLA\%$ 为依据。冷水机组加机：若机组运行电流与额定电流的百分比大于设定值的 90%，并且这种状态持续 10~15min，进行安全条件判定后，则开启另一台机组。冷水机组减机：每台机组的运行电流与额定电流的百分比之和除以运行机组台数减 1，如果得到的商小于 80%，进行安全条件判定后，一台机组就会关闭 [即：$80\% \geqslant \sum RLA\%/(运行机组台数-1)$]
5	冷却水系统控制	（1）当制冷机组只有 1 台运行时，群控系统将启用冷却塔节能运行程序，增加实际布水的冷却塔台数，而不开冷却塔风机，用加大水与空气热质交换面积的方法，提高冷却水散热降温的能力；当冷却塔全部通水，且其出水温度 t_1 也已升到 30℃ 时，群控系统即恢复一机一塔的程序控制。 （2）电动调节阀 VTJ-1 根据冷却塔的出水温度控制：①在春秋季节，冷水机组供冷时，当室外温度过低时，采用模拟量控制方案，采用温度传感器实测温度 t_1 与设定温度（16.5℃）的差值，经 PID 运算后，调节 VTJ-1，使冷却塔的出水温度不低于 16.5℃。②当采用冬季冷却塔+板式换热器供冷时，电动调节阀 VTJ-1 采用开关量控制方案，水温应控制在不冻结温度以

续表

序号	监控项	监控说明
5	冷却水系统控制	上,即:当温度传感器检测到冷却塔的出水温度≤5℃时,全开VTJ-1;当温度传感器检测到冷却塔的出水温度高于设计值6.5℃时,全关VTJ-1。 (3) 当温度传感器检测到冷却塔的出水温度≤5℃时,冷却塔风机停止运行;升高至设计值6.5℃时,恢复运行。 (4) 冷却塔集水盘需要设置电加热器,室外冷却水管道需要设置电伴热。电加热器及电伴热的启停控制应纳入楼宇控制,当冷却塔集水盘内水温低于1℃时开启电加热器,高于设计值5℃时关闭电加热器。同时要确保在集水盘内无水时,电加热器不能启动
6	运行次序控制	机组和水泵的运行次序,可以做定期的轮换,DDC控制器自动记录各台机组、水泵的累计运行时间,优先启动运行时间最少的机组、水泵,也可以由操作员通过控制系统直接调整设备运行的次序
7	阀门的控制	(1) 冬季供热时,阀门A关闭,阀门B开启;夏季供冷时,阀门A开启,阀门B关闭。 (2) V-1~V-10为电动蝶阀,用于关断水路;VTJ-1~VTJ-3为电动调节阀。 (3) 供冷时,DDC控制器根据供回水压差与设定值的差值,经PID运算后,调节VTJ-2、VTJ-3的开度,保证供回水之间压差恒定
8	冷却塔供冷	冬季冷却塔供冷时,仅一台冷水泵、一台冷却水泵和一台冷却塔运行

6.24 一级泵变流量、冬季冷却塔供冷制冷系统监控原理

一级泵变流量、冬季冷却塔供冷制冷系统监控原理如图6-24所示。一级泵变流量、冬季冷却塔供冷制冷监控系统主要功能如表6-19所示。

建筑设备控制原理图解

扫码看图 6-24

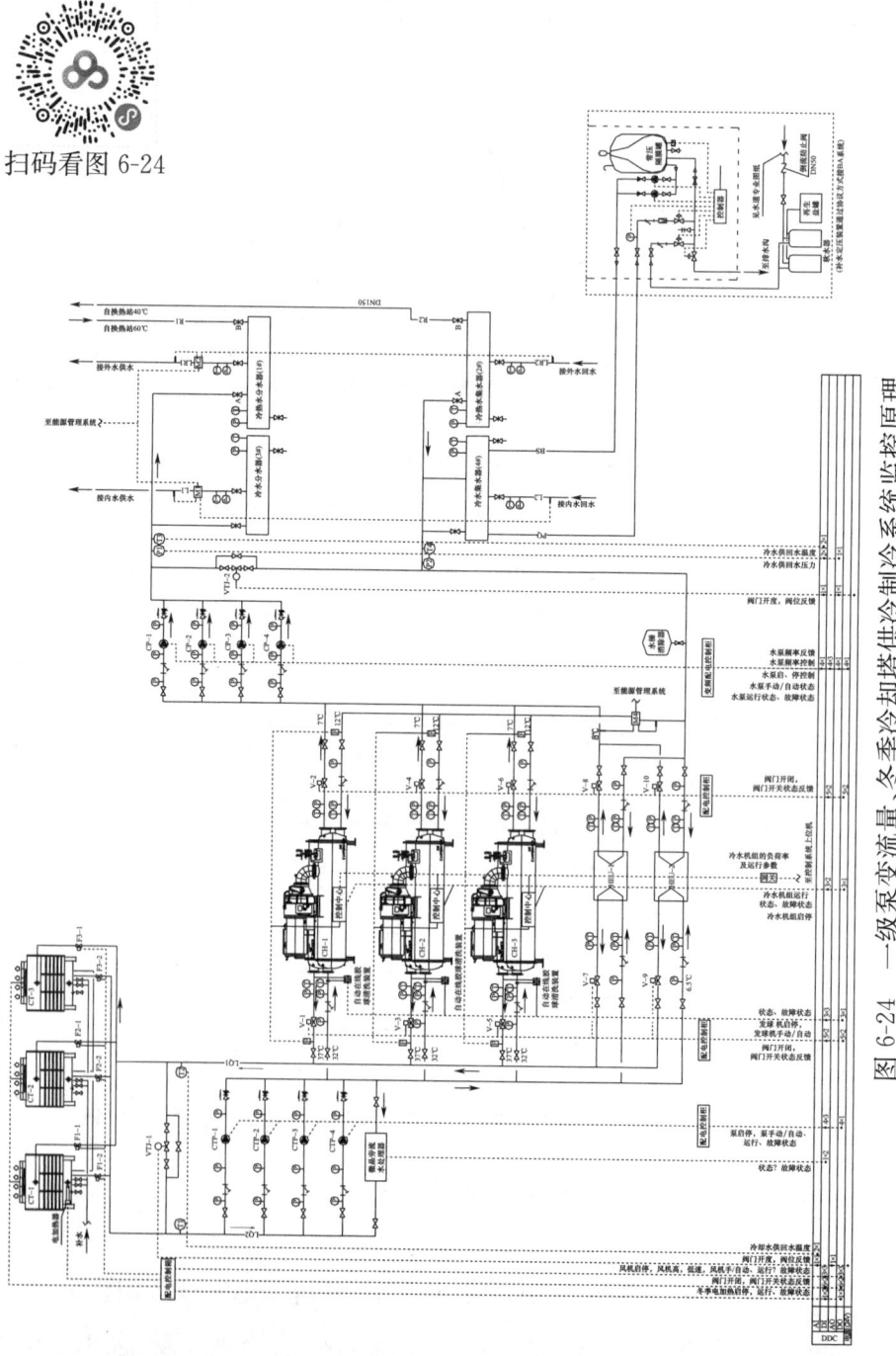

图 6-24 一级泵变流量、冬季冷却塔供冷制冷系统监控原理

表 6-19　一级泵变流量、冬季冷却塔供冷制冷监控系统主要功能

序号	监控项	监控说明
1	控制对象	冷却塔、冷水机组、冷却水泵、冷水泵、冷却塔风机、冷却水回水、冷水供水电动阀；冷水、冷却水旁路的电动调节阀；板式换热器一次侧回水、二次侧供水管路的电动阀
2	参数检测及报警	冷水机组启停、运行状态、故障状态、运行参数；冷水供回水温度、供回水压力；冷却塔风机的启停、高/低速、手动/自动、运行、故障状态，冷却塔冬季电加热管的启停、运行、故障状态；冷却水的供回水温度；冷水泵启停控制、手动/自动、运行状态、故障状态、频率反馈、频率控制；冷却水泵的启停，泵手动/自动、运行、故障状态；发球机启停、手动/自动运行、故障状态
3	机组启停顺序	开机顺序：冷却塔风机、冷却水泵→冷却水管路电动水阀→冷水泵→冷水管路电动水阀→制冷机组；关机顺序与开机顺序相反。相关设备的开/关需经确认后才能开/关下一设备，如遇故障则自动停泵
4	冷水机组台数控制	冷水机组加减机控制方式是以压缩机运行电流 $RLA\%$ 为依据。冷水机组加机：若机组运行电流与额定电流的百分比大于设定值的 90%，并且这种状态持续 10～15min，进行安全条件判定后，则开启另一台机组。冷水机组减机：每台机组的运行电流与额定电流的百分比之和除以运行机组台数减 1，如果得到的商小于 80%，进行安全条件判定后，一台机组就会关闭 [即：$80\% \geqslant \sum RLA\%/$运行机组台数$-1$)]
5	冷水机组流量保护	一级泵变流量系统采用可变流量的冷水机组，使蒸发器侧流量随负荷侧流量的变化而变化。当只有一台机组运行且负荷侧冷水量小于单台冷水机组的最小允许流量时，旁通管上的调节阀 VTJ-2 开启并调节，使冷水机组的最小流量为负荷侧冷水量与旁通管流量之和，最小流量由电磁流量传感器 F 测得
6	变频冷水泵控制	当系统启动时，一台冷水泵先以最低频率启动，如果（p_1-p_2）不能满足末端压差设定值，水泵运行频率上升，如果达到 50Hz 后，（p_1-p_2）仍不能满足末端压差设定值，则第二台水泵以最低频率加入，同时，第一台泵迅速降低运行频率与第二台泵同频工作。以此类推，直到末端的压差设定值得以保证为止。当末端负荷减少、流量过剩时，控制器根据压差（p_1-p_2）调节变频器的频率，当压差（p_1-p_2）高于设定值时，三台水泵同步减频来维持压差设定值。当水泵处在最低频率时，如果系统仍需减少流量，则关闭其中一台水泵

续表

序号	监控项	监控说明
7	冷却水系统控制	（1）当制冷机组只有一台运行时，群控系统将启用冷却塔节能运行程序，增加实际布水的冷却塔台数，而不开冷却塔风机，用加大水与空气热质交换面积的方法，提高冷却水散热降温的能力；当冷却塔全部通水，且其出水温度 t_1 也已升到30℃时，群控系统即恢复一机一塔的程序控制。 （2）电动调节阀 VTJ-1 根据冷却塔的出水温度控制：①在春秋季节，冷水机组供冷时，当室外温度过低时，采用模拟量控制方案，采用温度传感器实测温度 t_1 与设定温度（16.5℃）的差值，经 PID 运算后，调节 VTJ-1，使冷却塔的出水温度不低于16.5℃。②当采用冬季冷却塔＋板式换热器供冷时，电动调节阀 VTJ-1 采用开关量控制方案，水温应控制在不冻结温度以上，即：当温度传感器检测到冷却塔的出水温度≤5℃时，全开 VTJ-1；当温度传感器检测到冷却塔的出水温度高于设计值6.5℃时，全关 VTJ-1。 （3）当温度传感器检测到冷却塔的出水温度≤5℃时，冷却塔风机停止运行；升高至设计值6.5℃时，恢复运行。 （4）冷却塔集水盘需要设置电加热器，室外冷却水管道需要设置电伴热。电加热器及电伴热的启停控制应纳入楼宇控制，当冷却塔集水盘内水温低于1℃时开启电加热器，高于设计值5℃时关闭电加热器。同时要确保在集水盘内无水时，电加热器不能启动
8	运行次序控制	机组和水泵的运行次序，可以做定期的轮换，DDC 控制器自动记录各台机组、水泵的累计运行时间，优先启动运行时间最少的机组、水泵，也可以由操作员通过控制系统直接调整设备运行的次序
9	阀门的控制	（1）冬季供热时，阀门 A 关闭，阀门 B 开启；夏季供冷时，阀门 A 开启，阀门 B 关闭。 （2）V-1～V-10 为电动蝶阀，用于关断水路；VTJ-1～VTJ-2 为电动调节阀
10	冷却塔供冷	冬季冷却塔供冷时，仅一台冷水泵、一台冷却水泵和一台冷却塔运行

6.25 二级泵变流量、冬季冷却塔供冷制冷系统监控原理

二级泵变流量、冬季冷却塔供冷制冷系统监控原理如图 6-25 所示。

第6章 暖通专业设备及成套系统 BA 控制原理

扫码看图 6-25

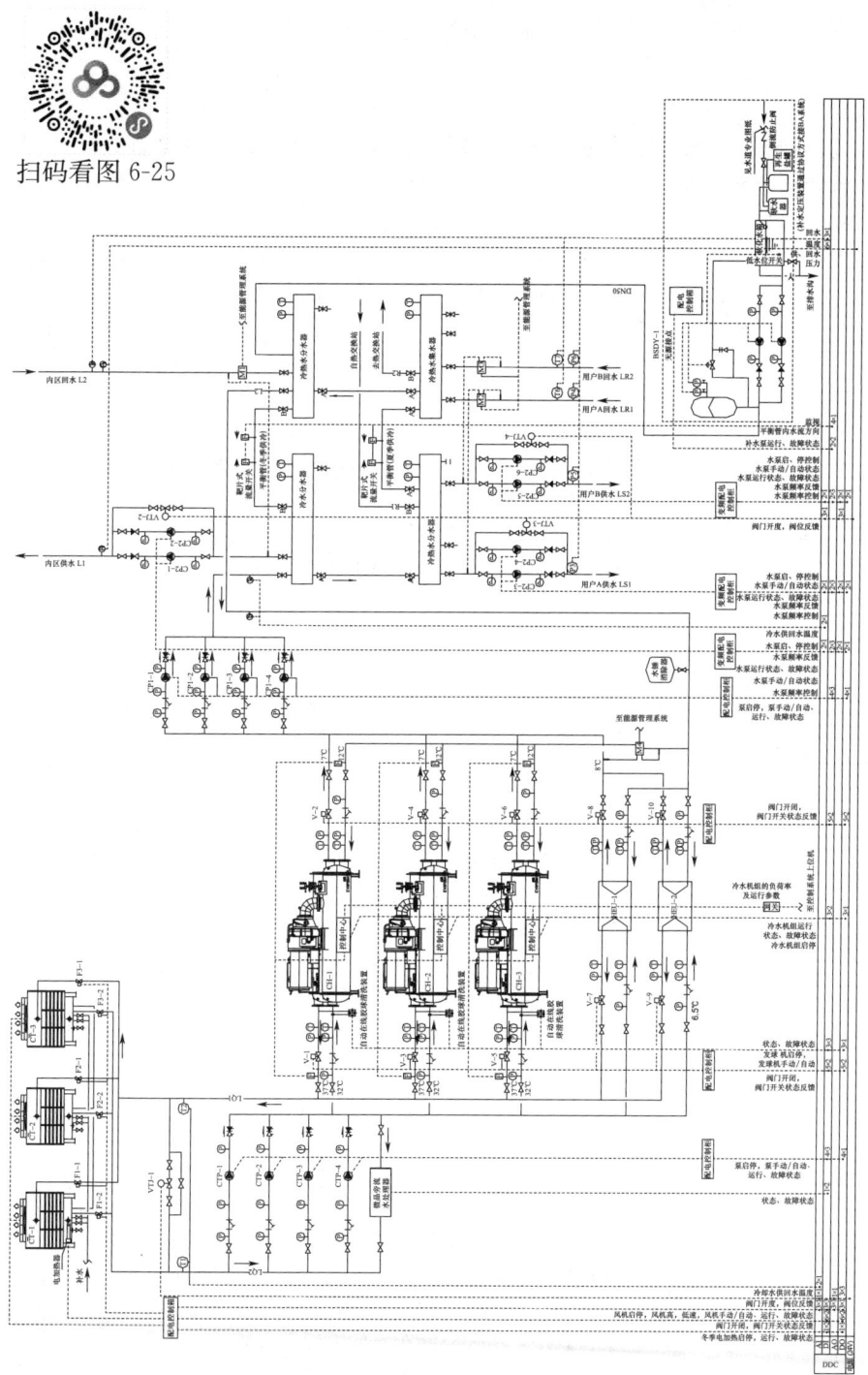

图 6-25 二级泵变流量、冬季冷却塔供冷制冷系统监控原理

二级泵变流量、冬季冷却塔供冷制冷监控系统主要功能如表 6-20 所示。

表 6-20 二级泵变流量、冬季冷却塔供冷制冷监控系统主要功能

序号	监控项	监控说明
1	控制对象	冷却塔、冷水机组、冷却水泵、冷水一级泵、冷水二级泵、冷却塔风机、冷却水回水、冷水供水电动阀；冷水、冷却水旁路的电动调节阀；板式换热器一次侧回水、二次侧供水管路的电动阀
2	参数检测及报警	冷水机组启停、运行状态、故障状态、运行参数；冷水供回水温度、供回水压力；冷却塔风机启停控制、手动/自动状态、运行状态、故障报警、频率反馈、变频控制；冷却塔冬季电加热管的启停运行、故障状态；冷却水的供回水温度；冷水二级泵启停控制、手动/自动、运行状态、故障状态、频率反馈、频率控制；冷水一级泵、冷却水泵的启停、手动/自动、运行、故障状态；发球机启停、手动/自动运行、故障状态
3	机组启停顺序	开机顺序：冷却塔风机、冷却水泵→冷却水管路电动水阀→冷水泵→冷水管路电动水阀→制冷机组；关机顺序与开机顺序相反。相关设备的开/关需经确认后才能开/关下一设备，如遇故障则自动停泵
4	冷水机组台数控制	冷水机组加减机控制方式是以压缩机运行电流 $RLA\%$ 为依据。冷水机组加机：若机组运行电流与额定电流的百分比大于设定值的 90%，并且这种状态持续 10～15min，进行安全条件判定后，则开启另一台机组。冷水机组减机：每台机组的运行电流与额定电流的百分比之和除以运行机组台数减 1，如果得到的商小于 80%，进行安全条件判定后，一台机组就会关闭 [即：80%≥∑$RLA\%$/(运行机组台数－1)]
5	二级泵的控制	控制器根据各支路供回水压差与设定值的差值，经 PID 运算后，调节二级泵的运行频率
6	冷却水系统控制	（1）部分负荷时，DDC 控制器根据冷水机组厂家提供的冷却塔＋冷水机组最低能耗曲线对应的冷却塔最优出水温度，调节冷却塔风机运行频率，保证冷却塔的最优出水温度不变。 （2）当制冷机组只有一台运行时，群控系统将启用冷却塔节能运行程序，增加实际布水的冷却塔台数，而不开冷却塔风机，用加大水与空气热质交换面积的方法，提高冷却水散热降温的能力；当冷却塔全部通水，且其出水温度（t_1）也已升到 30℃ 时，群控系统即恢复一机一塔的程序控制。

续表

序号	监控项	监控说明
6	冷却水系统控制	（3）电动调节阀 VTJ-1 根据冷却塔的出水温度控制：①在春秋季节，冷水机组供冷时，当室外温度过低时，采用模拟量控制方案，采用温度传感器实测温度 t_1 与设定温度（16.5℃）的差值，经 PID 运算后，调节 VTJ-1，使冷却塔的出水温度不低于 16.5℃。②当采用冬季冷却塔＋板式换热器供冷时，电动调节阀 VTJ-1 采用开关量控制方案，水温应控制在不冻结温度以上，即：当温度传感器检测到冷却塔的出水温度≤5℃时，全开 VTJ-1；当温度传感器检测到冷却塔的出水温度高于设计值 6.5℃时，全关 VTJ-1。 （4）当温度传感器检测到冷却塔的出水温度≤5℃时，冷却塔风机停止运行；升高至设计值 6.5℃时，恢复运行。 （5）冷却塔集水盘需要设置电加热器，室外冷却水管道需要设置电伴热。电加热器及电伴热的启停控制应纳入楼宇控制，当冷却塔集水盘内水温低于 1℃时开启电加热器，高于设计值 5℃时关闭电加热器。同时要确保在集水盘内无水时，电加热器不能启动
7	运行次序控制	机组和水泵的运行次序，可以做定期的轮换，DDC 控制器自动记录各台机组、水泵的累计运行时间，优先启动运行时间最少的机组、水泵，也可以由操作员通过控制系统直接调整设备运行的次序
8	阀门的控制	（1）冬季供热时，阀门 A 关闭，阀门 B 开启；夏季供冷时，阀门 A 开启，阀门 B 关闭。（2）V-1～V-10 为电动蝶阀，用于关断水路；VTJ-1～VTJ-4 为电动调节阀
9	冷却塔供冷	冬季冷却塔供冷时，仅一台冷水泵、一台冷却水泵和一台冷却塔运行

6.26 内融冰盘管式冰蓄冷主机上游串联系统监控原理

内融冰盘管式冰蓄冷主机上游串联系统监控原理如图 6-26 所示。内融冰盘管式冰蓄冷主机上游串联监控系统主要功能如表 6-21 所示。

扫码看图 6-26

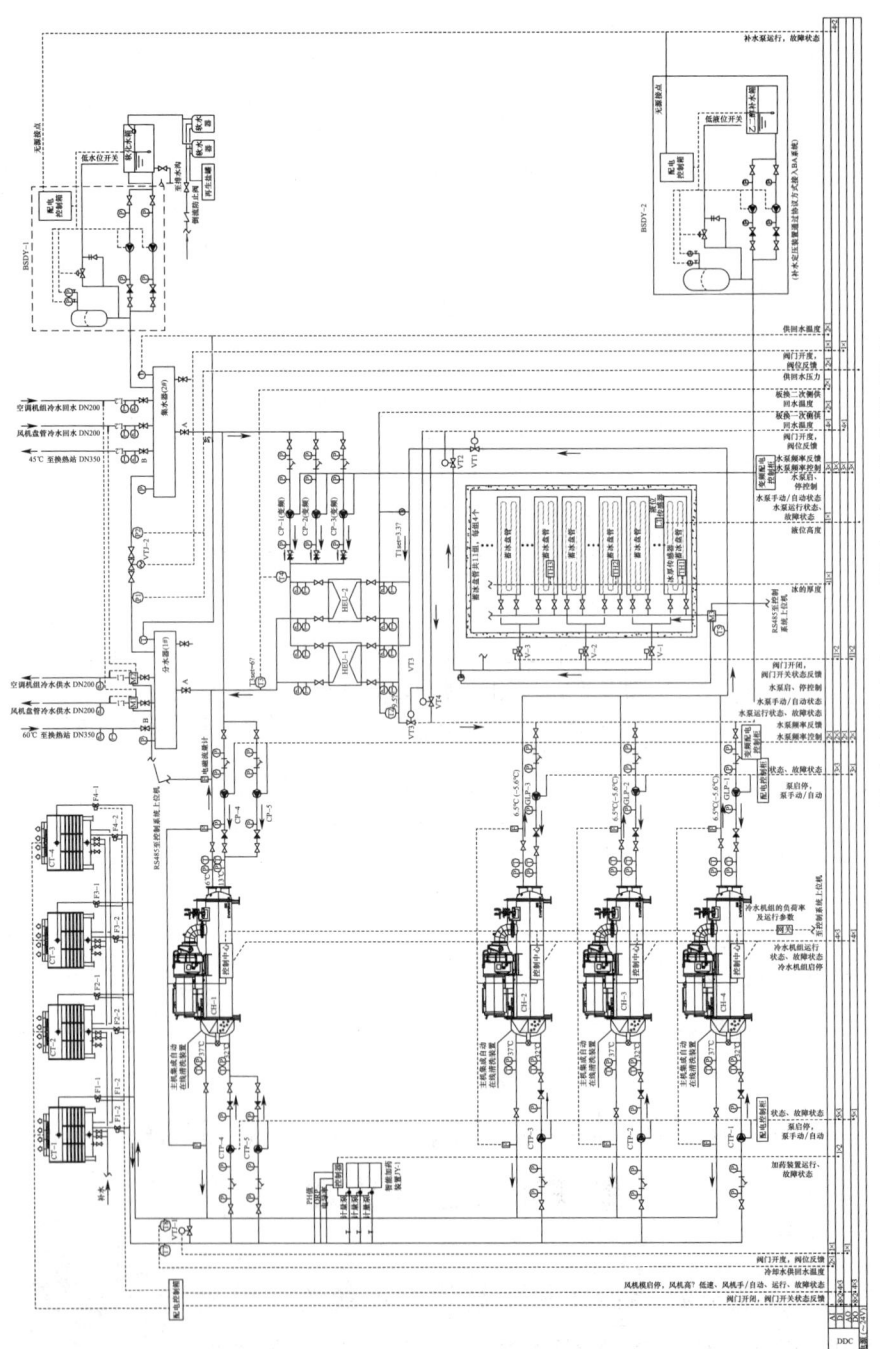

图 6-26 内融冰盘管式冰蓄冷主机上游串联系统监控原理

第6章 暖通专业设备及成套系统BA控制原理

表6-21 内融冰盘管式冰蓄冷主机上游串联监控系统主要功能

序号	监控项	监控说明
1	控制对象	冷却塔、冷水机组、冷却水泵、冷水泵、乙二醇泵、冷却塔风机;冷水、冷却水旁路的电动调节阀;蓄冰环路的电动调节阀
2	参数检测及报警	冷水机组启停、运行状态、故障状态、运行参数;冷水供回水温度,供回水压力;却塔风机的启停、高/低速、手动/自动、运行、故障状态;冷却水的供回水温度;乙二醇泵、冷却水泵的启停、手动/自动、运行、故障状态;冷水泵启停控制、手动/自动、运行状态、故障状态、频率反馈、频率控制
3	控制模式	(1) 双工况主机制冰+基载主机供冷模式:VT1、VT3全闭,VT2、VT4全开,将双工况主机设定为制冰工况开启(蒸发器出口温度设置为-6.6℃,可调),系统转换为"双工况主机制冰模式",开启乙二醇泵后,乙二醇溶液进入双工况主机蒸发器,经双工况主机降温后的乙二醇溶液进入蓄冰装置,将盘管外的水冻结成冰并储存冷量,当某组盘管的蓄冷量达到设定值后,蓄冷结束,关闭该组盘管的电动阀。各组蓄冰盘管模块配置冰厚度传感器,盘管式冰蓄冷首先应考虑采用冰厚度控制器来判断蓄冷是否结束,防止结冰过量。还可以同时采用蓄冰槽的液位高度以及蓄冷器入口处的热量表来辅助判断蓄冷是否结束。根据建筑物夜间供冷需求情况,该模式下系统同时运行基载冷水机组,满足夜间空调冷负荷需求,机载冷水泵根据供回水压差(p_1-p_2)变频运行,保证(p_1-p_2)恒定不变。当流量计F检测到机组达到其最小流量时,如果末端负荷还需进一步减小,则开启分集水器之间的旁通水阀,调节末端的供水量,保证p_1-p_2恒定不变。 (2) 主机与蓄冰装置联合供冷模式:将双工况主机出水温度设定为设计工况,控制系统转换为"主机与蓄冰装置联合供冷模式",开启乙二醇泵和系统冷水泵,从板式换热器出来的高温乙二醇溶液(9.5℃)先进入双工况主机的蒸发器降温,再进入蓄冰装置融冰降温,融冰后产生的低温乙二醇溶液(3.3℃)进入板式换热器与冷水进行换热,控制系统根据温度传感器实测温度t_1调节电动阀VT1、VT2,控制进入蓄冰槽的乙二醇流量,调节融冰供冷量,保证t_1恒定。冷水泵向空调系统提供6℃的冷水,控制系统根据温度传感器实测温度t_3调节电动阀VT3、VT4,调节进入板式换热器的乙二醇流量,保证供水温度t_3恒定。冷水泵根据供回水压差(p_1-p_2)变频运行,保证(p_1-p_2)恒定不变。

续表

序号	监控项	监控说明
3	控制模式	该模式下蓄冷系统有两种运行策略。①主机优先：蓄冷系统在设计日工况下，采取主机优先的策略，主机优先向负荷侧供冷，当不能满足负荷需求时，用融冰加以补充。②融冰优先：蓄冷系统在非设计日工况下，采取融冰优先的策略，最大限度减小主机运行时间。当融冰不能满足负荷时，用主机补充其冷量。根据建筑物供冷需求情况，该模式下系统同时运行基载冷水机组，满足空调冷负荷需求，控制要求同前。 （3）蓄冰装置融冰单独供冷模式：关闭所有双工况制冷主机和基载主机，控制系统转换为"融冰单独供冷模式"。开启乙二醇泵，从板式换热器回来的高温乙二醇溶液（9.7℃）进入储冰装置融冰降温，融冰后产生的低温乙二醇溶液（3.3℃）进入板式换热器与冷水进行换热，控制系统根据温度传感器实测温度 t_1 调节乙二醇泵的开启台数和调节电动阀 VT1、VT2，控制进入蓄冰槽的乙二醇流量，调节融冰供冷量，保证 t_1 恒定。冷水泵向空调系统提供 6℃ 的冷水，控制系统根据温度传感器实测温度 t_3 调节电动阀 VT3、VT4，调节进入板式换热器的乙二醇流量，保证供水温度 t_3 恒定。冷水泵根据供回水压差 (p_1-p_2) 变频运行，保证 (p_1-p_2) 恒定不变。 （4）主机单独供冷模式：VT1、VT3 全开，VT2、VT4 全闭，控制系统转换为"双工况主机单独供冷模式"，主机设定为空调工况，出水温度为 3.3℃，开启乙二醇泵后，乙二醇溶液进入双工况主机蒸发器，经过降温后进入板式换热器，冷水泵向空调系统提供 6℃ 的冷水。控制系统通过调节主机的负荷率和运行台数来满足末端负荷的变化。冷水泵根据供回水压差 (p_1-p_2) 变频运行，保证 (p_1-p_2) 恒定不变。根据建筑物供冷需求情况，该模式下系统同时运行基载冷水机组，满足空调冷负荷需求。控制要求同前
4	阀门的控制	（1）冬季供热时，阀门 A 关闭，阀门 B 开启；夏季供冷时，阀门 A 开启，阀门 B 关闭。 （2）V-1～V-3 为电动蝶阀，用于关断水路；VT1～VT4，VTJ-1～VTJ-2 为电动调节阀

6.27 锅炉系统监控原理

锅炉系统监控原理如图 6-27 所示。

第6章 暖通专业设备及成套系统BA控制原理

扫码看图 6-27

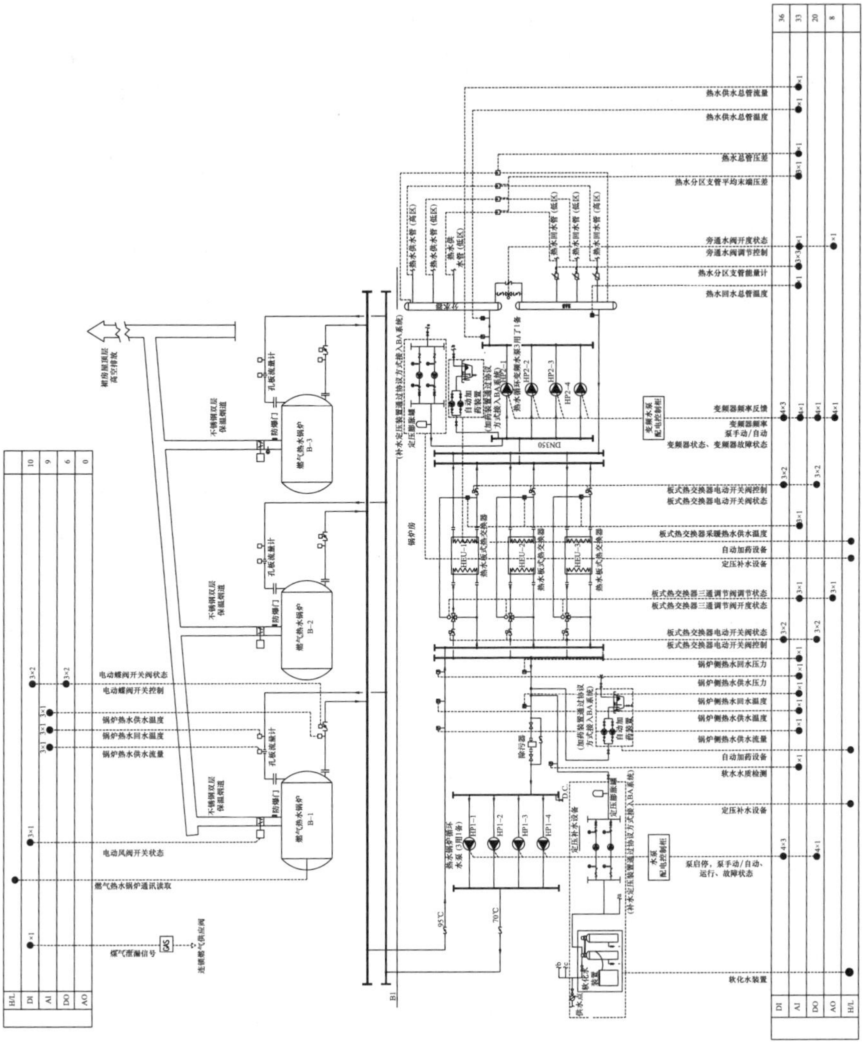

图 6-27 锅炉系统监控原理

锅炉监控系统主要功能如表 6-22 所示。

表 6-22 锅炉监控系统主要功能

序号	监控项	监控说明
1	控制对象	锅炉、水泵、板式换热器、电动阀
2	锅炉检测信号	每台锅炉需提供（输出）但不限于以下检测信号：排烟管道烟气温度，排烟温度过高报警，燃烧烟气氧气含量，锅炉进/出水温度，锅炉高低水位报警，锅炉燃气耗量，燃烧器故障报警，燃气压力高/低报警，锅炉运行状态，锅炉进/出水压力。BA 系统通过现场 DDC 控制器读取热源系统的参数，并采用通信接口的方式来读取锅炉设备内部的参数
3	参数检测及报警	锅炉运行、故障信号、水流开关；热水循环泵的启停、手/自动、运行及故障信号、变频调节及状态反馈、热水供回水温度、压力。以上内容应能在 DDC 上显示
4	机组启停顺序	开机前提前打开锅炉机组相应电动蝶阀，再开启热水锅炉循环泵，待热水锅炉供回水管水流开关确认水流状态后再启动锅炉。关闭顺序与之相反
5	锅炉台数控制	根据锅炉进出水温差和流量计算需求热量，自动对热水锅炉进行加载或者卸载。机组自动轮换运行，以保证每台设备的总运行时间大致相等
6	二次侧水泵变频控制	控制器根据各支路供回水压差与设定值的差值，经 PID 运算后，调节二级泵的运行频率

6.28 空气源热泵系统监控原理

空气源热泵系统监控原理如图 6-28 所示。空气源热泵监控系统主要功能如表 6-23 所示。

表 6-23 空气源热泵监控系统主要功能

序号	监控项	监控说明
1	控制对象	空气源热泵、冷水泵、电动阀
2	参数检测及报警	冷水机组启停、运行状态、故障状态、手动/自动状态；水泵启停控制、手动/自动、运行状态、故障状态、频率反馈、频率控制；冷水供回水温度；热回收供回水温度

第6章 暖通专业设备及成套系统BA控制原理

续表

序号	监控项	监控说明
3	机组启停顺序	开机顺序：冷水泵→管路上的电动阀→热回收水泵→冷水机组。关机顺序与开机顺序相反。相关设备的开/关需经确认后才能开/关下一设备，如遇故障则自动停泵
4	机组台数控制	热泵机组加减机控制方式是以压缩机运行电流 $RLA\%$ 为依据。热泵机组加机：若机组运行电流与额定电流的百分比大于设定值的95%，并且这种状态持续 10~15min，进行安全条件判定后，则开启另一台机组。热泵机组减机：每台机组的运行电流与额定电流的百分比小于设定值的45%，进行安全条件判定后，一台机组就会关闭
5	冷水泵的控制	冷水采用一级泵变流量系统，冷水泵 CP-1~CP-3 为自带变频器的智能变频水泵，无压差传感器控制。智能变频冷水泵的转速在保证分集水器之间的压差不变的前提下，由水泵内预设的运行曲线控制运行。设备运行前需水泵厂方现场调试、设置运行参数
6	热水泵的控制	DDC 控制器根据生活热水预热换热器内热水的温度，与设定值比较，经 PID 运算后，调节热水泵 RSB-1 的运行频率
7	机组保护	当冷水泵的流量达到机组最小流量时，开启调节阀 VTJ-1，保证冷水机组的流量不低于最小流量。最小流量由智能变频水泵的运行参数提供
8	运行次序控制	热泵机组和水泵的运行次序，可以做定期的轮换，DDC 控制器自动记录各台热泵机组、水泵的累计运行时间，优先启动运行时间最少的热泵机组、水泵，也可以由操作员通过控制系统直接调整设备运行的次序
9	阀门的控制	(1) 阀门 A 供冷时关闭。 (2) VTJ-1 为电动调节阀

扫码看图 6-28

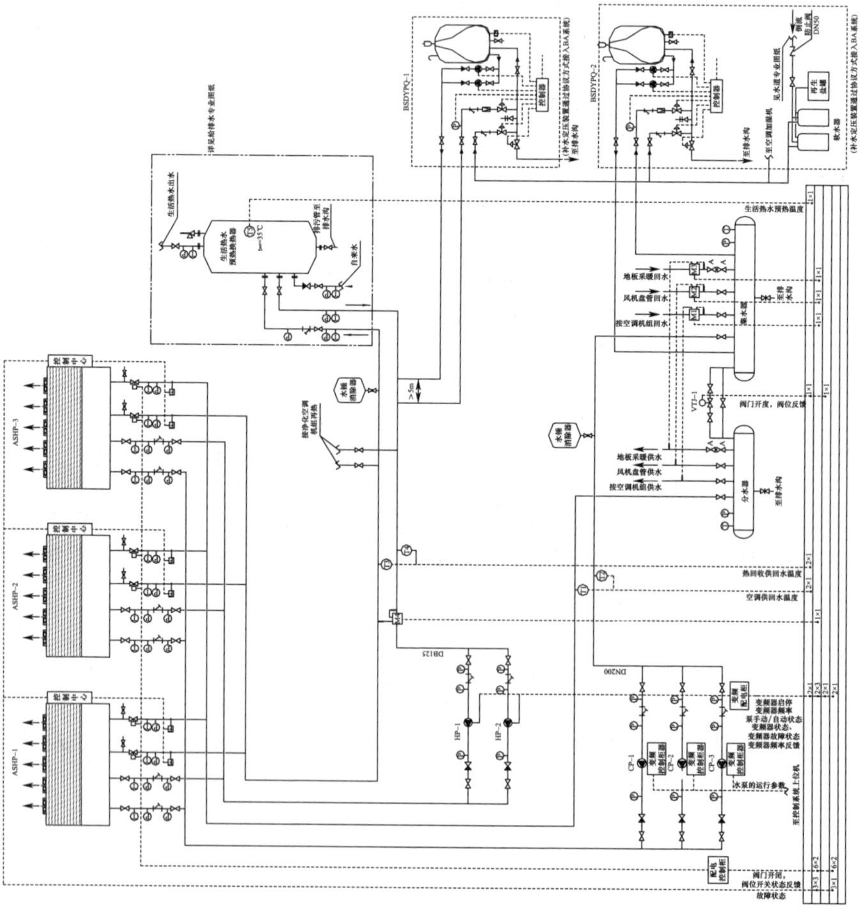

图 6-28 空气源热泵系统监控原理

6.29 空调热水水-水换热机组监控原理

空调热水水-水换热机组监控原理如图 6-29 所示。空调热水水-水换热机组监控系统主要功能如表 6-24 所示。

扫码看图 6-29

表 6-24 空调热水水-水换热机组监控系统主要功能

序号	监控项	监控说明
1	控制对象	循环水泵、电动阀
2	参数检测及报警	水泵启停控制、手动/自动、运行状态、故障状态、频率反馈、频率控制;一次侧进出口温度、压力;二次侧进出口温度、压力;室外温度
3	热水循环泵控制	控制器根据二次水供回水压差(p_1-p_2)与设定值的差值,经 PID 运算后,控制循环泵变频运行,保证供回水压差恒定。当水泵以最低频率运行,且流量仍然过剩,压差高于设定值时,开启并调节电动调节阀 VTJ-3,直到压差设定值得以保证为止
4	供水温度的控制	控制器根据板式换热器二次侧出水温度 t_1、t_2 与设定温度的差值,分别调节一次侧电动调节阀 VTJ-1、VTJ-2 的开度,保持供水温度恒定;控制器根据室外温度 t_6 的变化,自动调整 t_1、t_2 的设定值,进行室外温度补偿
5	定压补水装置	定压补水装置为成套设备,提供干触点用于监控
6	运行次序控制	控制器自动记录各台水泵的累计运行时间,优先启动运行时间最少的水泵
7	阀门的控制	VTJ-1~VTJ-3 为电动调节阀

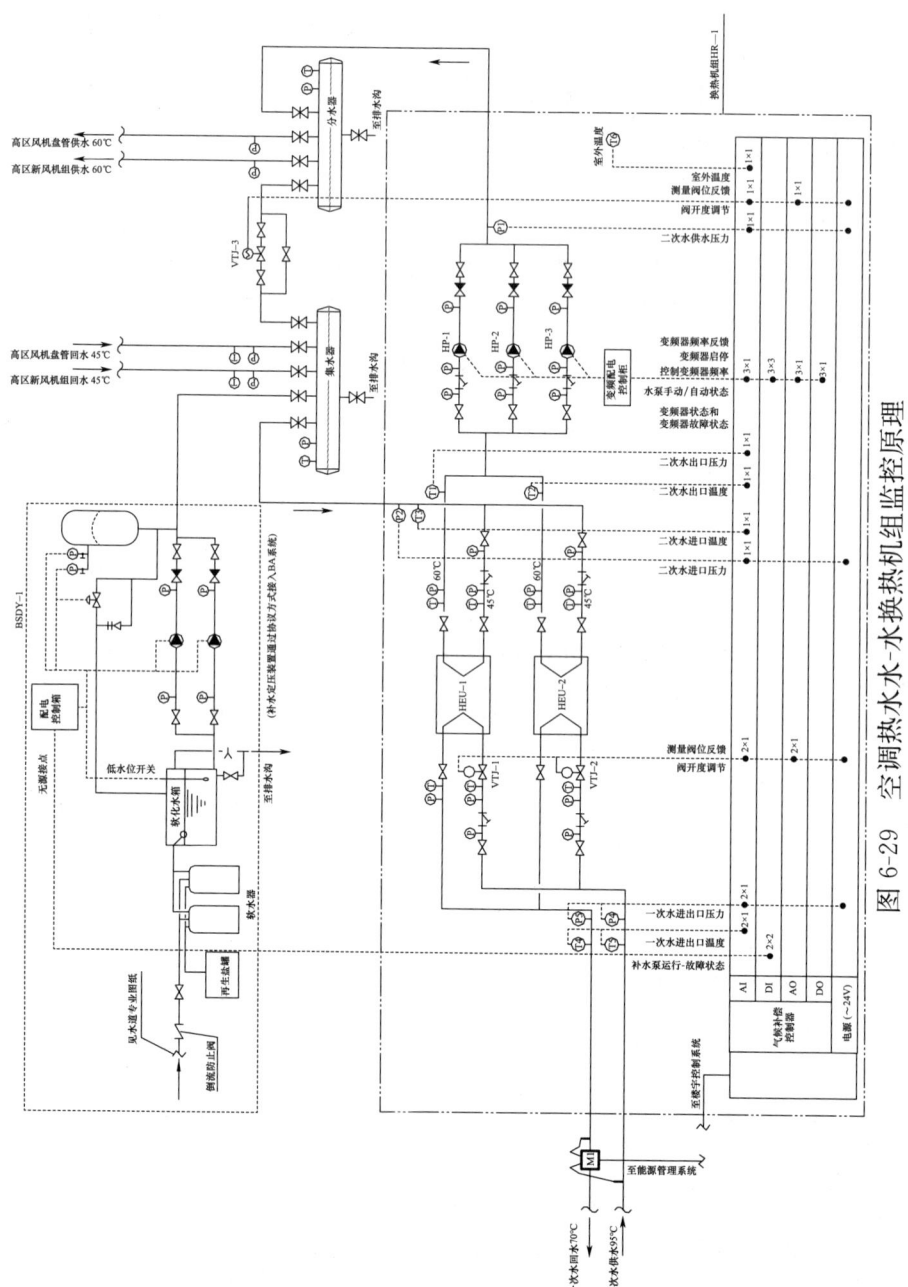

图 6-29 空调热水水-水换热机组监控原理

参考文献

[1] 中国建筑标准设计研究院. 国家建筑标准设计图集 09X700 智能建筑弱电工程设计与施工 [M]. 北京：中国计划出版社，2010.

[2] 张永坚，周培祥，高鹤，等. 智能建筑技术 [M]. 北京：中国水利水电出版社，2007.

[3] 赵文成. 中央空调节能及自控系统设计 [M]. 北京：中国建筑工业出版社，2018.

后 记

随着本书的编写完成，我们深感责任重大，同时也满怀期待。本书不仅是对建筑设备监控系统设计与施工的一次全面梳理，还是对楼宇控制领域规范化、标准化的一份寄托。

在本书编写过程中，我们深刻体会到，楼宇控制系统设计与施工过程中存在的乱象问题不容忽视。这些问题包括但不限于机电系统控制原理的不齐全或设计错误、设计点位的重复设置、设计与产品对接不上、传感设备的重复设置以及招投标过程与施工管理过程的信息未贯穿等。这些问题的存在，不仅影响了系统的正常运行和维护，更给项目的顺利推进带来了诸多困扰。

为给这些问题提供参考解决方案，本书在内容编排上进行了精心策划。全面涵盖了机电各专业各系统的控制原理图、控制逻辑说明以及楼宇控制（BA）与机电各专业界面划分表等关键内容。将逻辑、原理结合到设计过程，将技术要求落实到招标及施工管理过程。通过详细的图文介绍和清晰的界面划分，力求为读者提供一个全面、准确、实用的参考指南。

在楼宇控制设计方面，本书突出了以下几个特点：一是全面考虑同一机电设备的多种控制方式，包括通过通信接口或直接通过干接点接入 DDC 等；二是全面考虑同一类型机电设备在不同区域的控制方式差异；三是设置了控制可选项，以适应不同项目、不同需求；四是结合楼控厂家及实操经验值，对控制参数参考值进行了量化归纳，为项目实际调试提供了参考数据。

展望未来，楼宇控制领域的发展前景广阔。随着大数据、物联网

后　记

等技术的不断应用，楼宇控制系统将实现对大楼所有机电设备的全面监控，并进行大数据搜集与分析。这不仅将提升系统的智能化水平，更将为绿色节能、资产管理、运维管理、可视化管理等衍生功能的发展提供有力支撑。同时，我们也期待楼宇控制系统能够全面实现标准化接口与协议，打破兼容性技术壁垒，实现不同产品之间的无缝链接。

在此，衷心感谢所有为本书编写付出辛勤努力的同仁们。正是有了你们的支持与帮助，本书才得以顺利出版。也特别感谢《暖通空调》杂志社在本书编写过程中给予的鼎力支持及技术指导意见！同时，我们也诚挚地邀请广大读者对本书提出宝贵意见与建议，共同推动楼宇控制领域的不断发展与进步。